RAPPORT

SUR LA

DÉFENSE SANITAIRE DU GOLFE PERSIQUE

PAR

M. le Dr Paul FAIVRE,

INSPECTEUR GÉNÉRAL ADJOINT DES SERVICES SANITAIRES,

CHARGÉ D'UNE MISSION

MELUN

IMPRIMERIE ADMINISTRATIVE

M CM VI

MINISTÈRE DE L'INTÉRIEUR

RAPPORT

SUR LA

DÉFENSE SANITAIRE DU GOLFE PERSIQUE

PAR

M. le Dr Paul FAIVRE,

INSPECTEUR GÉNÉRAL ADJOINT DES SERVICES SANITAIRES,
CHARGÉ D'UNE MISSION

MELUN

IMPRIMERIE ADMINISTRATIVE

M CM VI

RAPPORT

SUR LA DÉFENSE SANITAIRE DU GOLFE PERSIQUE

PRÉSENTÉ

à Monsieur le ministre de l'intérieur

par M. le Dr Paul FAIVRE,

inspecteur général adjoint des services sanitaires, chargé d'une mission.

Monsieur le ministre,

Vous avez bien voulu me confier, d'accord avec M. le Ministre des Affaires étrangères, une mission ayant comme objet de rechercher s'il y aurait avantage à substituer l'île d'Henjam à l'île d'Ormuz pour l'établissement de la station sanitaire dont la création est prévue par l'article 81 de la Convention internationale du 3 décembre 1903.

J'ai l'honneur de vous soumettre les résultats de l'étude à laquelle je me suis livré. Il m'a paru toutefois qu'à la question spéciale sur laquelle avait été appelée l'attention du Gouvernement français, d'autres se trouvaient liées d'une manière si étroite que je ne pouvais négliger de les examiner conjointement sans m'exposer à présenter la situation sous un jour inexact.

C'est donc un travail sur la défense sanitaire du Golfe Persique que je me vois, Monsieur le Ministre, amené à vous présenter et dans lequel j'envisagerai succinctement :

1° Les conditions géographiques, politiques et commerciales dans lesquelles se trouve le Golfe ; le transport à travers le Golfe des pèlerins à destination de La Mecque, de Kerbela et de Nedjef ; le transport des cadavres dans ces deux dernières localités ;

2° L'organisation actuelle du service de la santé ;

3° Les dispositions arrêtées par les conférences internationales en vue d'assurer la protection du Golfe ;

4° Les conditions que présentent les îles d'Ormuz et d'Henjam au point de vue de l'établissement d'une station sanitaire ;

5° Le plan de défense sanitaire tel qu'il semble résulter des conditions qui vont être exposées.

CHAPITRE I

Conditions géographiques, politiques et commerciales dans lesquelles se trouve le Golfe Persique : Transport à travers le Golfe des pèlerins à destination de La Mecque, de Kerbela et de Nedjef ; Transport des cadavres dans ces deux dernières localités.

Renseignements généraux concernant le Golfe Persique

Le Golfe Persique, situé entre la Perse et l'Arabie, est une mer intérieure orientée du N.-O. au S.-E. où elle se continue avec le golfe d'Oman à travers le détroit d'Ormuz. Sa longueur, mesurée de l'embouchure du Chat-el-Arab au ras (cap) Musandam est d'environ 1.100 kilomètres ; sa largeur varie de 370 kilomètres, au sud de la presqu'île d'El-Katar, à 170 kilomètres, à la pointe de la dite presqu'île ; elle est en moyenne de 200 kilomètres dans la plus grande partie du Golfe (1).

La côte persane, beaucoup moins découpée que la côte arabique, est, comme celle-ci d'ailleurs, absolument aride. Des montagnes élevées et nues forment le fond de ce tableau qui provoque une impression de tristesse. De loin en loin un bouquet de palmiers se

---

(1) Nous avons emprunté un certain nombre de renseignements géographiques à l'ouvrage en deux volumes publié, d'après les travaux de Constable, sous le nom de « *Pilote du Golfe Persique* ».

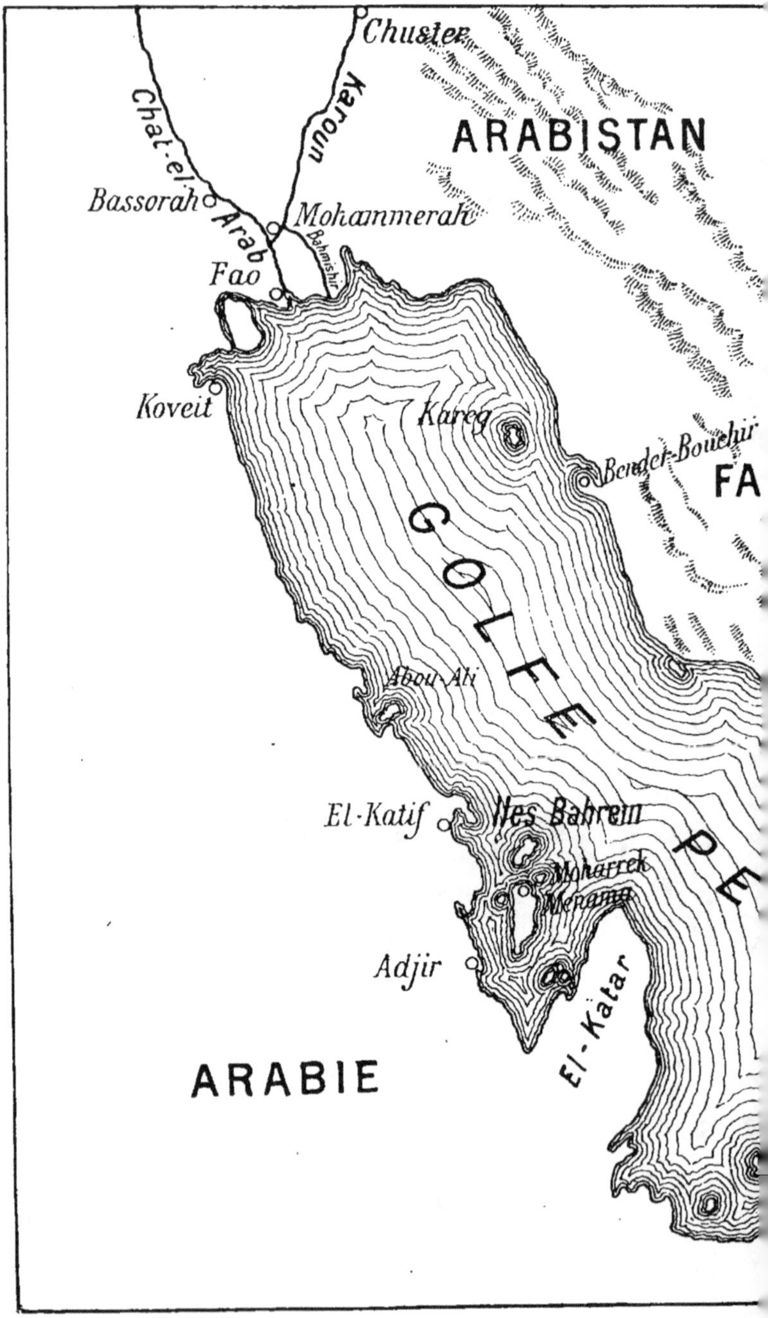

Chuster
Karoun
ARABISTAN
Chat-el-Arab
Bassorah
Mohammerah
Behmschir
Fao
Koveit
Kareg
Bender-Bouchir
FA
GOLFE
Abou-Ali
El-Katif
Iles Bahrein
Moharrek
Menama
PE
Adjir
El-Katar
ARABIE

Yesd
PERSE
Kirman
KIRMAN
Lar
Khamir
Bender-Abbas
Ormuz
Minab
Lingah
Hawilah
Kism
MEKRAN
Henjam
Tomb
Ras
Musandam
Sirri
Djask
Abu-Mussa
Ras-el-Djebel
GOLFE D'OMAN
Debay
Abu-Thabi
Mascate
OMAN

.détache sur le sable, notamment aux environs des lieux habités, accusant la présence de l'eau ou tout au moins d'une certaine humidité du sol.

Les principales localités sont :

Jask, dans le golfe d'Oman, village situé à 6 milles environ de l'extrémité du cap du même nom (Ras-Jask). Auprès du village on voit encore un ancien fort portugais. Au cap même se trouve la station du télégraphe indo-européen. La baie offre de bons mouillages. C'est surtout en raison de sa situation et de l'existence de la station télégraphique que Jask présente de l'intérêt, car au point de vue de sa population et de son commerce, cette localité est très inférieure aux villes dont nous allons parler. — On trouvera en annexe l'extrait d'une note concernant Jask, adressée en 1897 par MM. les Drs Campo-Sampietro et Tjelepis au Conseil supérieur de santé de Constantinople.

Bender-Abbas, située au fond du détroit d'Ormuz, derrière la pointe de l'île Tawilah et des îles d'Ormuz et de Larek, est, après Bouchir et Lingah, la ville la plus importante de la côte persane. Elle s'étend le long du rivage en face duquel mouillent les navires qui ne peuvent en approcher à plus de deux milles. Cette disposition est du reste commune à toutes les villes côtières du Golfe qui, bien que portant le nom de « port » (bender), n'ont en réalité que des rades plus ou moins protégées contre les vents. Celle de Bender-Abbas est garantie par les trois îles qui l'entourent.

La population de Bender-Abbas est d'environ 8.000 habitants. Elle est en relations commerciales avec les régions de l'intérieur, notamment la ville de Kirman située à 345 kilomètres et celle de Yezd, auxquelles elle est reliée par une des principales voies de la Perse. Les autres villes les plus voisines sont Lar au N.-E. et Minab à l'Est. C'est à Minab, située à 85 kilomètres dans une vallée très abritée et traversée par un cours d'eau, que se rendent durant la saison chaude un grand nombre d'habitants de Bender-Abbas et des îles d'Ormuz, de Tawilah, d'Henjam même. Les uns viennent chercher dans cette oasis une température plus clémente, les autres y trouvent en même temps un travail rémunérateur en se louant pour la culture ou la récolte des dattes qui sont renommées.

Bender-Abbas reçoit aussi les produits de l'Afghanistan apportés par des caravanes qui campent aux environs de la ville.

Bender-Abbas est réputée comme un des points les plus chauds du Golfe. Les montagnes élevées situées à environ 20 kilomètres au nord de la ville déterminent une réverbération qui contribue à l'élévation de la température. Pour la rendre plus supportable dans leur habitation, les personnes riches font construire au centre de la maison une tour carrée ouverte de tous côtés et en communication avec l'intérieur, au moyen de laquelle s'établit un courant d'air permanent.

Comme dans toutes les villes de la côte, les habitants ne se servent guère que d'eau de citernes.

Cependant il y a à 3 kilomètres à l'est de la ville, près du village de Naoband et des locaux d'isolement (« quarantaine »), un puits profond qu'ils utilisent.

Khamir, située au fond d'une baie et au pied des montagnes, à distance sensiblement égale de Bender-Abbas et de Lingah, n'a pas, à beaucoup près, l'importance de ces deux villes. Il convient néanmoins de ne pas passer sous silence cette localité en raison des ressources minérales de la région qui l'avoisine. On y trouve notamment du soufre et de la chaux. En outre la côte entre Khamir et Lingah est bordée de marais d'une grande étendue d'où l'on tire le bois de chauffage utilisé dans les environs.

Lingah, située à l'extrémité occidentale de l'île Tawilah, est considérée comme la seconde des villes de la côte persane au point de vue de l'importance commerciale. En outre des produits qui lui viennent de l'intérieur, elle reçoit les nacres et perles pêchées à Bahrein qui y sont apportées et triées par les pêcheurs eux-mêmes. La ville la plus rapprochée est Lar, située à 130 kilomètres au nord.

Lingah, qui a environ 8.000 habitants, est une ville assez bien bâtie dont les maisons alignées le long du rivage s'étendent sur une longueur de plus d'un kilomètre. Quelques édifices, notamment deux hautes tours carrées et des réservoirs en forme de dôme, attirent particulièrement l'attention. A proximité de la ville se trouvent de nombreux palmiers. Vue du large, Lingah donne une impression plus satisfaisante que Bender-Abbas. Son climat passe pour être moins pénible que celui de cette dernière ville; le mouillage plus rapproché de la côte serait également meilleur. Les habitants n'ont pas à leur disposition d'autre eau que celle qui est recueillie dans les vastes citernes dont nous venons de parler.

Bender-Bouchir est la ville principale de la côte persane. Elle est construite à l'extrémité d'une presqu'île de 18 kilomètres de long sur 6 de large, autrefois complètement séparée du continent. La baie qui s'étend entre celui-ci et la presqu'île est très peu profonde (1 mètre seulement à marée basse et moins encore dans certains endroits). La pointe de la presqu'île et le côté qui longe la mer sont arides; la partie qui s'étend le long de la baie est au contraire couverte d'un grand nombre d'arbres. C'est là surtout qu'habitent les européens et les persans aisés dont les maisons éloignées les unes des autres occupent une vaste superficie. Ces habitations, généralement confortables, contrastent avec celles dont la réunion constitue la plus grande partie de l'agglomération urbaine et qui sont pour la plupart misérables. Aussi l'aspect général de la ville elle-même a-t-il peu d'attrait.

Bouchir, qui a environ 14.000 habitants, possède une colonie européenne importante. L'Angleterre y est représentée par un consul général qui porte également et de préférence le titre de « résident politique » et qui est assisté d'un vice-consul et d'un personnel relativement considérable. La Russie a aussi à Bouchir un consul général et divers agents. Une nombreuse escorte de soldats de l'Inde est attachée à la résidence britannique; une escorte de cosaques est attachée au consulat de Russie.

La France et l'Allemagne n'ont à Bouchir que des vice-consuls. Depuis deux ans il y a à Bouchir un médecin français attaché au vice-consulat et au service des douanes, M. le Dr Bussière médecin-major du service de santé des colonies, à l'obligeance duquel nous devons plusieurs documents dont on pourra apprécier plus loin le grand intérêt.

En outre des consulats, il existe à Bouchir une banque dont le personnel est anglais, une station importante du télégraphe indo-européen, la poste anglaise, la direction générale des douanes confiée à des belges, les agences de diverses compagnies de navigation, etc.

Le climat de Bouchir est extrêmement pénible; aussi, pendant les mois d'été, beaucoup de membres de la colonie européenne quittent-ils la ville pour se rendre, soit à Chiraz située à 160 kilomètres dans la montagne, soit à Borazjoun qui n'en est éloigné que de 42.

L'eau dont on fait usage à Bouchir et dans les maisons des environs de la ville provient des puits situés dans la campagne ; cette eau est de qualité médiocre et son transport est onéreux. Quelques personnes peuvent se procurer de l'eau puisée dans le Karoun, en amont de Mohammerah, apportée dans les citernes du garde-côte « Persépolis ».

L'hygiène de Bouchir laisse beaucoup à désirer. M. le Dr Bussière qui exerce ses fonctions avec beaucoup de zèle et de dévouement, avait réussi à provoquer la création d'un conseil de salubrité dont le gouverneur avait accepté la présidence, mais, après quelques séances, les réunions durent être suspendues.

Bouchir est reliée à Téhéran par une route qui, passant par Hispahan et Chiraz, traverse la Perse du N. au S. Des services postaux et télégraphiques sont établis le long de cette voie.

Pas plus que Bender-Abbas et Lingah, Bouchir ne possède de port : les navires se tiennent en général à 3 milles du rivage. Cependant ils peuvent, en suivant une sorte de chenal qui traverse en ligne oblique les hauts-fonds en face de la ville, se rapprocher assez sensiblement de celle-ci.

La côte arabique du Golfe commence à l'extrémité du ras (cap) Musandam. Avant de parler des principales localités qui se trouvent sur cette côte, nous dirons quelques mots de Mascate, située dans le golfe d'Oman, mais qu'il convient, ainsi que nous l'avons fait pour Jask, de rattacher au Golfe Persique en raison des relations commerciales incessantes qu'elle entretient avec ses habitants et des escales qu'y font un grand nombre de bâtiments à destination des ports arabiques ou persans.

Mascate, capitale et résidence du sultan de l'Oman, a une population évaluée à 30.000 habitants. Son port entouré d'une ceinture de rochers offre aux navires un abri sûr.

Plusieurs forteresses construites par les Portugais dominent ces rochers et ajoutent à l'intérêt de ce cadre pittoresque. La situation de Mascate à l'extrémité de l'Arabie, sur le passage des vaisseaux qui vont de l'Inde au Golfe Persique, en fait un centre commercial et un point de ravitaillement d'une grande importance.

L'Angleterre a à Mascate un représentant qui porte, comme celui de Bouchir, le titre de « résident politique » ; la France y a un consul et les États-Unis un agent consulaire. La France y entretient en outre un dépôt de charbon placé sous la garde d'un premier maître de la marine. La colonie européenne ne comprend, en dehors des agents diplomatiques et de leurs familles, qu'un nombre limité de personnes attachées aux consulats, aux agences de navigation ou se livrant au commerce. Le climat de Mascate, extrêmement chaud et humide, est difficile à supporter.

Le *cap Musandam*, que l'on double pour pénétrer dans le Golfe Persique, est terminé par une île que sépare du continent un passage étroit dans lequel peuvent difficilement s'engager les navires. L'île Musandam qui a environ 3 kil. 500 de longueur sur 2 kil. 500 de largeur, est escarpée « sauf trois ou quatre petites anses dans la partie est, les seuls endroits où l'on puisse débarquer ». « La pointe nord est une falaise d'environ 30 mètres de hauteur, communément appelée ras Musandam ». (1) Nous consignons ici ces renseignements parce que, comme on le verra plus loin (page 30), on a proposé à la Conférence de Paris en 1894 d'établir dans cette île une station sanitaire.

Debay est une localité d'une certaine importance située sur la côte ouest du cap Musandam en face de Lingah.

Derrière la ville, qui est un peu éloignée de la mer, se trouve un bois de dattiers. Les bateaux de la British India font des escales régulières à Debay tous les quinze jours dans chaque sens. Le mouillage est à 3 kilomètres environ du rivage.

Menamah est située au N. de l'île Bahrein (2), la plus étendue (et de beaucoup) des îles au groupe desquelles elle donne son nom. Menamah, qui est le chef lieu de ce groupe, est une ville de 40.000 habitants. C'est le grand marché des perles et de la nacre pêchées dans la vaste baie de Bahrein. Ce commerce la met en relations constantes, non seulement avec les autres villes du Golfe, mais avec

---

(1) *Pilote du Golfe Persique*. 2e partie, page 66.

(2) Nous parlerons plus loin des îles ; nous faisons cependant mention de Menamah dans cette partie de notre travail parce que l'île Bahrein est très rapprochée du continent.

les pays étrangers notamment avec l'Inde. Ce mouvement incessant de population est une cause de dissémination des épidémies, ainsi que nous le verrons au cours de ce rapport.

En face et au nord de Menamah est l'île de *Moharrek* où se trouve aussi une ville importante. Les navires mouillent à peu près à égale distance des deux localités, à 3 kilomètres environ des côtes.

Au sud de l'île Bahrein, sur la côte arabique, se trouve *Adjir*, petit port aujourd'hui sans intérêt et où avait été installé il y a quelques années un lazaret qui n'a pu être maintenu en raison des mauvaises conditions climatériques.

Après une lutte inutile, disait à la Conférence de Paris (1903) M. de Bunsen, premier délégué de la Grande-Bretagne, la moitié du personnel est mort de la fièvre et les survivants se sont enfuis en fermant le lazaret, sans même attendre des instructions.

El-Katif est placée au fond d'une petite baie au N. O. des îles Bahrein. Cette localité dont le climat est malsain comprendrait avec les agglomérations voisines 50.000 habitants. Les bateaux de la British India ne la desservent pas.

Koveit, située à l'entrée d'une vaste baie au fond du Golfe Persique, est distante de 140 kilomètres de Bassorah à laquelle doit la réunir le chemin de fer projeté entre la Méditerranée et le Golfe. Koveit commande en quelque sorte l'embouchure du Chat-el-Arab dont elle est la ville la plus rapprochée. Son importance commerciale et politique s'est beaucoup accrue depuis quelques années. Les navires de la British India venant de Bombay y font escale tous les quinze jours dans chaque sens. D'autre part, Koveit est en relations fréquentes et directes avec la côte orientale de l'Afrique. Il en résulte un danger signalé (voir page 54) lors de la Conférence sanitaire internationale de 1897.

Le Chat-el-Arab, constitué par la réunion, en amont de Bassorah, du Tigre et de l'Euphrate, est un fleuve majestueux dont les rives bordées de palmiers forment un contraste absolu avec les côtes arides du Golfe Persique. Il se jette dans la partie la plus reculée du Golfe, entraînant une grande quantité de sable qui s'accumule et forme une barrière gênant le passage des navires. Ceux-ci, surtout s'ils sont

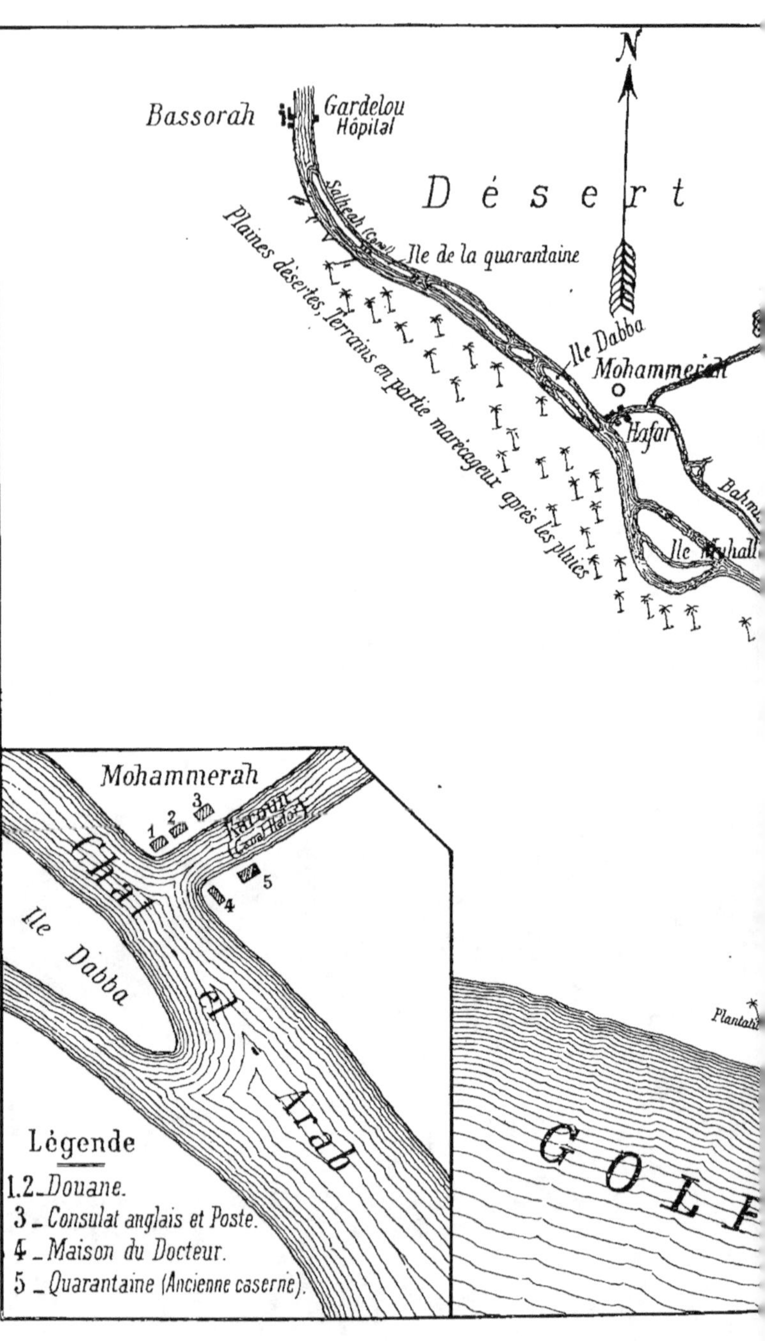

COURS INFÉRIEUR DU

(D'après

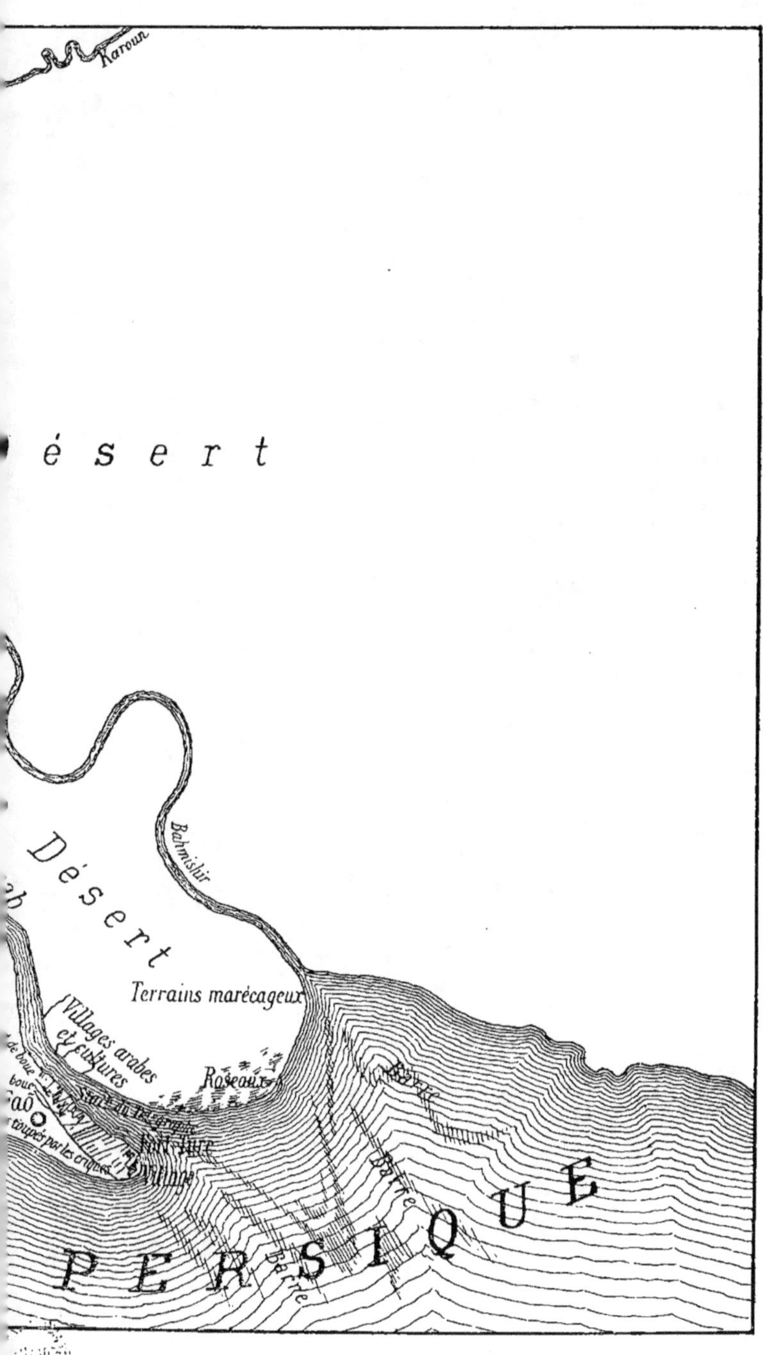

Karoun
Désert
ésert
Désert
Bahmishir
Terrains marécageux
Villages arabes
et cultures
Roseaux
Fao
GOLFE PERSIQUE
ET DU KAROUN

chargés ou ont un tirant d'eau considérable, doivent attendre pour franchir la «barre» le moment de la marée. Cependant cette barre ne constitue pas, même à marée basse, un obstacle absolu car il existe un chenal indiqué par des balises; mais ces fonds se modifient et rendent difficile l'accès du fleuve. Cet argument a été plusieurs fois invoqué contre la création d'un lazaret au Fao. Il ne semble pas qu'il y ait lieu de s'y arrêter, malgré son importance, puisque les navires qui auraient à se rendre au lazaret seraient le plus généralement à destination de Mohammerah et Bassorah et devraient par conséquent franchir de toutes façons la barre.

Parallèlement au Chat-el-Arab se déroule en territoire persan le Bahmishir qui continue sous ce nom le fleuve Karoun. Celui-ci se jetait autrefois tout entier dans le Golfe. Ses eaux ont été en partie détournées par un canal artificiel, le Hafar, lequel les amène dans le Chat-el-Arab à la hauteur de Mohammerah : l'autre partie continue à se rendre au Golfe Persique par le Bahmishir qui n'est pas navigable au moins pour les bâtiments de quelque importance. La dénomination de canal Hafar n'est généralement pas employée et le Karoun porte son nom jusqu'au point où il mélange ses eaux à celles du Chat-el-Arab.

A l'embouchure du Chat-el-Arab, sur la rive ottomane, se trouve le *Fao*, où il est (nous venons de le rappeler) depuis longtemps question 'd'établir un lazaret. C'est pour cette raison que nous consignerons ici les renseignements que nous possédons sur cette localité. Le Fao se compose d'une agglomération de maisons en terre entourées de palmiers, constructions au nombre desquelles se trouve la station du télégraphe indo-européen reconnaissable à un grand mât de pavillon. Au premier aspect le Fao semble donc réaliser des conditions très suffisantes. Deux objections ont été faites cependant contre cette localité : l'inconsistance de son sol et son insalubrité.

Sur le premier point on peut répondre que les constructions sanitaires n'exigent pas l'emploi de matériaux plus lourds qu'une station télégraphique et qu'il est toujours possible de proportionner ces constructions à la nature du terrain, dût-on, ainsi que l'a admis en 1894 le Conseil supérieur de santé de Constantinople (voir page 49), les rendre légères. Quant à l'insalubrité, nous ne pensons pas qu'elle soit plus grande, bien au contraire, que celle des autres localités du Golfe que nous venons d'énumérer et dans lesquelles vivent des européens. La température du Fao nous semble même devoir être plus supportable que celle de Bender-Abbas et de Bouchir, et nous avons recueilli à cet égard le témoignage concordant d'un arménien actuellement fixé dans la première de ces villes et qui a pu juger par comparaison. Tout le monde sait d'ailleurs aujourd'hui que le paludisme, surtout à craindre, peut être évité ou rendu beaucoup moins redoutable par des mesures prophylactiques d'une application aisée. Nous partageons donc l'avis qui a jusqu'ici prévalu de placer au Fao le lazaret destiné à la défense sanitaire de l'Irak-Arabie.

Mohammerah est une ville d'environ 15.000 habitants, située sur la rive gauche du Chat-el-Arab, au point où les eaux du Karoun se jettent dans ce fleuve (canal Hafar). Cette situation au confluent de deux grandes routes fluviales lui donne beaucoup d'importance. Distante de Bassorah de 38 kilomètres, Mohammerah constitue un point d'escale pour les navires qui se rendent dans cette ville. D'autre part elle reçoit par le Karoun, ouvert depuis 1888 à la navigation étrangère, les produits de l'Arabistan et même des régions supérieures de la Perse. Son commerce propre consiste surtout dans l'exportation des dattes récoltées dans les bois de palmiers dont elle est entourée de toutes parts. Malgré son importance, Mohammerah a l'aspect d'une ville pauvre ; seuls le bazar, récemment édifié, quelques maisons sur le Karoun et le palais que le cheik a fait construire pour ses femmes sont dignes de la réputation de Mohammerah. Ce cheik, qui est puissant et indépendant, est personnellement fort riche et il retire de la récolte des dattes un revenu considérable. Nous n'avons eu, en ce qui nous concerne, qu'à nous louer de l'accueil que nous avons reçu de lui et des facilités qu'il nous a données pour nous rendre à Bassorah à bord d'une chaloupe à vapeur qui lui appartient.

Bassorah est située sur la rive droite du Chat-el-Arab, à 90 kilomètres du Golfe Persique. Sur le bord du fleuve se trouvent les consulats, les agences des compagnies de navigation, la douane, une caserne et des maisons habitées par des fonctionnaires ou de riches commerçants. La ville indigène est située à 2 kilomètres et demi et reliée au fleuve par deux canaux dont l'un, le canal Aschar, que longe la route bordée presque sans interruption par des habitations. D'autres canaux, situés perpendiculairement aux premiers, transportent dans les terres l'eau du Chat-el-Arab, mais, comme la marée se fait sentir à Bassorah, ces canaux se trouvent presque à sec pendant une partie de la journée, ce qui est une cause d'insalubrité d'autant plus grande qu'ils sont le réceptacle des ordures jetées par les habitants (1).

Bassorah était au temps des khalifes une des cités les plus florissantes de l'Asie; elle est aujourd'hui très déchue de son ancienne splendeur. Bien que ses rues soient sales et que beaucoup de ses maisons aient un aspect misérable, elle n'en reste pas moins une ville intéressante. On y compte deux mosquées, deux églises chrétiennes (une latine et une chaldéenne), deux synagogues et de nombreuses écoles dont l'une dirigée par les prêtres chaldéens, l'autre par un religieux carme, le seul français de Bassorah.

Il est regrettable que dans une aussi grande ville où, grâce à ces écoles plusieurs centaines de personnes parlent notre langue (2), notre commerce n'ait pas de représentants attitrés. Ceux-ci trouveraient cependant parmi ces chrétiens qui se réclament de notre pays et aussi parmi les Turcs, dont beaucoup aiment la France, une clientèle non négligeable.

Bassorah est un port fluvial important. En outre des malles de Bombay et des bâtiments anglais ou russes venant directement d'Europe, Bassorah est mise en communication avec Bagdad, située à 440 kilomètres, par deux services réguliers de navires appartenant l'un à une compagnie anglaise, l'autre à une compagnie ottomane plus récemment créée et dont le trafic passe pour être supérieur à celui de la première. Par sa situation Bassorah est donc un grand entrepôt de marchandises; son commerce propre consiste surtout dans l'exportation des dattes qui atteint un chiffre considérable.

Les îles sont nombreuses dans le Golfe Persique. En dehors

---

(1) On trouvera des renseignements sur les conditions hygiéniques de Bassorah dans une étude de M.le Dr Bonel, directeur de la santé au Havre, parue en juin 1901 dans la *Revue d'hygiène et de police sanitaire*.

(2) Ce nombre va diminuer car, en présence des progrès que font les Anglais dans ces régions, les prêtres qui dirigent l'école chaldéenne viennent de substituer l'enseignement de l'anglais à celui du français qui était donné dans les deux écoles chrétiennes.

d'Ormuz et d'Henjam dont il sera question dans un chapitre spécial, les plus importantes sont :

L'île Tawilah (île longue), appelée aussi île de Khism, du nom de la localité principale située à son extrémité est, en face de Bender-Abbas, est celle des îles du Golfe qui présente le plus d'étendue. Elle a environ 110 kilomètres de longueur sur une largeur moyenne de 12 à 15. Elle est séparée de la côte persane qui s'étend de Bender-Abbas à Lingah par le détroit de Clarence, passage étroit où la navigation est difficile. L'île Tawilah est aride dans sa presque totalité; il semble, à en juger par les dépôts considérables de coquillages que l'on trouve dans certaines parties, qu'elle soit de formation géologique relativement récente. Elle présente dans la région ouest des grottes de sel gemme réputées et que l'on exploite. Sur quelques points tels que Diristan dont il sera question plus loin à propos d'Henjam, il y a de véritables oasis. La population totale serait de 10 à 12.000 habitants.

La ville principale est *Khism* (environ 4.000 habitants) qui est en relations continues avec Bender-Abbas dont elle est distante d'une vingtaine de kilomètres. Elle a été en grande partie détruite il y a quelques années par un tremblement de terre et l'on voit encore de toutes parts des maisons abandonnées. Un vieux fort portugais situé dans la ville près de la mer a été moins éprouvé. Les habitants de Khism sont alimentés en eau par quelques puits et de grands réservoirs.

A l'extrémité O. de l'île Tawilah se trouve le village de *Basidu*, qui a été pendant quelques années et jusqu'en 1880 une station militaire britannique.

L'île Larek, voisine de Khism et d'Ormuz. a 10 kilomètres environ de longueur sur 9 kil. 500 de largeur; elle est de forme ovale. couverte de montagnes nues et arides dont quelques-unes composées de sel. Il n'y a à Larek ni eau ni végétation.

L'île de Tamb n'est presque pas peuplée; il ne s'y trouve peut-être pas dix maisons. Ses habitants sont des arabes qui y viennent pendant la saison d'hiver pour faire paître des chevaux, des chameaux ou des chèvres et se livrer à la pêche. En été l'île est à peu près déserte. La culture est nulle ; on y voit seulement quelques dattiers. Tamb ne paraît posséder aucune richesse minérale. Il y aurait des puits.

L'île d'Abu-Mussa offre plus de ressources ; on n'y cultive que peu de céréales, mais on y trouve de beaux dattiers. On y rencontre également des vaches laitières et des chèvres. L'île est assez riche en minerais divers; on n'y exploite toutefois que de l'oxyde de fer. Les habitants se livrent aussi à la pêche des perles. La population est relativement importante.

Les îles de Tamb et d'Abu-Mussa sont actuellement l'objet de contestations entre la Perse et l'Angleterre qui les revendique au nom des cheiks de la côte arabe. La douane belge, qui y avait arboré le pavillon persan, a dû amener ce pavillon en attendant la solution du conflit.

L'île de Siri est petite et inculte; on y voit seulement quelques dattiers. Sa population comprend 3 à 400 habitants qui se livrent à la pêche des huîtres perlières.

L'île de Khareg. située à l'O. de Bouchir, est plus importante que les précédentes. Elle a environ 7 kilomètres de longueur sur 5 kil. 500 de largeur; elle présente à l'E. une plaine en partie cultivée où se trouve le village. En se dirigeant vers l'O. on découvre dans une partie plus accidentée un beau tombeau affectant la forme d'une mosquée qui est un lieu de pèlerinage. Tout près sont des grottes que les pèlerins utilisent, paraît-il, comme abri et dont certaines parois ont été taillées et sculptées. Dans la partie ouest, l'île se termine par des falaises d'une hauteur de 15 à 20 mètres dans la composition desquelles entrent des coraux, formation qui présenterait au point de vue géologique un grand intérêt (1). Dans la direction du S. s'étendent de grands plateaux arides qui de loin paraissent unis et sont en réalité coupés par de profondes crevasses. De distance en distance on trouve quelques bouquets de palmiers. Il y a à Khareg, comme dans plusieurs autres îles du Golfe, de nombreuses gazelles que l'on voit courir mais qu'il est difficile de chasser.

---

(1) Les formes recueillies rappellent les coraux de récifs des mers actuelles et semblent indiquer un soulèvement récent, analogue à celui qui a été observé dans la mer Rouge.

Nous avons parlé, à propos de Menamah, des îles Bahrein. D'autres îles se trouvent près de la côte arabique dans la partie élargie du Golfe comprise entre le promontoire dont le cap Musandam occupe la pointe et la presqu'île d'El-Katar. Nous ne savons rien de ces îles ; nous ne pensons pas qu'elles présentent de l'intérêt.

Température. — La température du Golfe Persique est fraîche, parfois même froide durant la nuit pendant la saison d'hiver (1) ; dans le jour le thermomètre remonte d'une manière sensible. A partir d'avril la température s'élève notablement pour devenir, de mai à septembre, tout à fait pénible, en particulier sur le bord de la mer où l'humidité s'ajoute à la chaleur. Durant cette période il n'est plus possible de dormir la nuit à l'intérieur des maisons: les habitants couchent sur les terrasses, en ayant soin de tendre au-dessus de leurs têtes des nattes pour se protéger contre la rosée à ce point abondante que l'on voit le matin le sol mouillé comme après la pluie. .

Nous devons à l'obligeance de M. le Consul général de Russie à Bouchir les chiffres ci-après qui indiquent la température (Fahrenheit) moyenne du Golfe prise *en mer* à bord du brick « Euphrate » (en 1858-59) et du brick « Marie » (en 1859-60). Nous plaçons en regard la température correspondante calculée en degrés centigrades. (Voir tableau page suivante.)

Le *Pilote du Golfe Persique* cite les chiffres ci-après représentant également la moyenne des observations de quatre années. Ces chiffres sont concordants et semblent provenir de la même source. (Voir tableau page 18.)

Le même ouvrage mentionne comme températures extrêmes observées : 7° 22 en février et 37° 78 en août.

A terre les écarts sont certainement beaucoup plus marqués ainsi que nous pouvons en juger, tant par ce qu'il nous a été donné d'observer nous-même que par ce qui nous a été dit à maintes reprises. On trouvera plus loin (page 69) une note émanant de l'agent du télégraphe indo-européen à Henjam dont les renseignements, concordant avec ceux que nous donnons plus haut, montrent que les chiffres de 34 et même de 37 degrés sont certainement dépassés

---

(1) En janvier 1905 nous avons vu le thermomètre descendre à zéro pendant la nuit à Bouchir. Cette basse température était, nous a-t-on dit, tout à fait exceptionnelle.

à terre. D'ailleurs le dicton, souvent cité dans le Golfe, indique combien y est élevée la température estivale, surtout dans certaines régions : « Entre l'enfer et Bender-Abbas, il n'y a que l'épaisseur d'une feuille de papier ».

MOIS	TEMPÉRATURE	
	FAHRENHEIT	CENTIGRADE
	Degrés.	Degrés.
Janvier	67	19,42
Février	65	18,31
Mars	72	22,20
Avril	78	25,53
Mai	83	28,30
Juin	87	30,52
Juillet	90	32,19
Août	92	33,30
Septembre	87	30,52
Octobre	84	28,86
Novembre	78	25,53
Décembre	72	22,20

Pluies. — D'après le *Pilote du Golfe Persique*, la quantité de pluie tombée dans l'année est en moyenne de 152 à 203 millimètres. Ces pluies (sauf exceptions rares) ne se produisent que pendant les mois d'hiver, en général à 5 ou 6 reprises. Elles sont chaque fois très abondantes.

Vents. — Le vent dominant est celui du N.-O. appelé « shemal » qui, d'après le *Pilote du Golfe Persique* auquel nous empruntons en grande partie ces renseignements, parcourt le Golfe dans le sens de sa longueur en variant toutefois suivant la direction de la côte.

Il souffle pendant environ neuf mois de l'année dans sa moitié N. et presque sans interruption en juin et juillet (grand shemal). En dehors de cette période, sa durée varie de trois à sept jours.

MOIS	HAUTEUR MOYENNE MAXIMA	
	A 4 HEURES du soir.	A 4 HEURES du matin.
	Degrés.	Degrés.
Janvier.............................	20,56	18,33
Février.............................	19,44	17.22
Mars...............................	23,89	20,83
Avril..............................	26.94	23,89
Mai................................	29.44	27,22
Juin...............................	31,95	29.44
Juillet............................	33.05	31,67
Août...............................	34,44	31,67
Septembre........................	32,22	28,61
Octobre............................	29,72	27,22
Novembre.........................	26,94	24,44
Décembre..........................	23,33	21,11

Le vent S.-E. appelé « koss » ou « shurgi » alterne pendant l'hiver avec celui du N.-O., suivant comme celui-ci la côte ; il est fort de décembre à avril. Il souffle rarement plus de trois jours.

Le vent N.-E. appelé « nashi » se fait sentir en hiver, particulièrement dans la partie sud du Golfe ainsi que dans le golfe d'Oman. Il souffle par rafales avec de fréquentes accalmies.

Le vent S.-O. appelé « sahelli » se produit assez rarement et seulement en hiver. Il est très redouté parce qu'il bat à peu près tous les mouillages abrités de la côte persane.

La navigation du Golfe, dit le *Pilote du Golfe Persique*, demande pour un bâtiment à voiles la plus grande attention. Les vents, comme dans la plupart des mers intérieures, sont très incertains ; ils commencent brusquement et sans avertissements bien positifs.

Nous avons éprouvé par nous-même à diverses reprises l'exactitude de ce renseignement, notamment dans la traversée de Khism à Ormuz qui a été fort dangereuse. Les naufrages des barques, des sambouks, baghalahs et autres petits voiliers sont fréquents et ont généralement pour cause la soudaineté avec laquelle le vent s'élève alors que la navigation, surtout pour de petits trajets, semblait pouvoir être tentée. Pendant le mois qui a précédé la traversée dont nous parlons, 4 embarcations se sont perdues dans les parages d'Ormuz : l'une venait de Koveit avec 17 personnes dont 9 se sont' noyées ; une autre de Khism avec 7 personnes, toutes noyées ; la troisième de Khism également avec plusieurs personnes dont deux se sont noyées ; la quatrième se rendait de Bender-Abbas à un navire en rade ; les gens qui l'occupaient ont pu regagner le rivage.

Ces faits sont importants au point de vue des mesures sanitaires, car ils montrent la difficulté qu'auraient les embarcations à voiles à venir se faire arraisonner à Ormuz. Il en serait d'ailleurs de même à Henjam. Nous reviendrons sur cette question au chapitre V.

Situation politique

Nous n'avons pas à nous étendre sur cette question qui nous est étrangère. Il ne saurait être inutile toutefois, pour l'objet de ce rapport, de rappeler que la situation politique du Golfe n'est pas sans ajouter des difficultés à celles déjà nombreuses que rencontre l'organisation de la défense sanitaire. Si la Perse est rentrée aujourd'hui en possession des territoires qui, bien que faisant géographiquement partie du royaume, étaient rattachées à l'Oman (1), et s'il en est résulté une unification favorable à l'établissement des mesures à prendre sur cette côte, il n'en est pas de même sur la côte opposée. Placés sous l'autorité de cheiks qui relèvent du Sultan de Mascate ou du Gouvernement ottoman, les rivages arabiques sont également

---

(1) Le sultan Seid Said, qui monta sur le trône d'Oman en 1806, s'empara d'une partie des côtes persanes ainsi que des îles d'Ormuz, de Tawilah (Khism), etc. Ces territoires ont été rendus à la Perse.

soumis à l'influence de l'Angleterre. Cette Puissance pourrait donc coopérer à l'organisation dans ces régions d'un service inspirant la sécurité.

Il importe d'ailleurs, même en ce qui concerne la Perse, que l'Angleterre se montre favorable à l'exécution des mesures nécessaires, car les fonctions sanitaires sont actuellement remplies par ses propres agents. En face de l'influence anglaise s'exerce l'influence russe, très grande aussi.

COMMUNICATIONS

Voie maritime.— La voie maritime est la seule qui relie non seulement la côte arabique à la côte persane, mais les villes d'une même côte entre elles. Pour aller de Bender-Abbas à Lingah, de Lingah à Bouchir, de Bouchir à Mohammerah, la malle anglaise est le moyen de transport le plus pratique et le seul régulier. Les communications par terre sont difficiles, longues, dangereuses. Les distances entre les principaux points du Golfe (nous y comprenons Jask et Mascate) sont les suivantes : (1)

	kilomètres.
De Jask à Mascate	250
— à Bender-Abbas	242
De Bender-Abbas à Mascate	460
— à Debay	242
— à Koveit	975
— à Lingah	203
— à Bouchir	715
De Lingah à Tamb	55
— à Abu-Mussa	75
— à Debay	145
— à Bahrein	455
De Bouchir à Bahrein	322
— à Koveit	293
De Tamb à Abu-Massa	47
D'Abu-Mussa à Debay	70

Les communications avec l'intérieur du Golfe sont assurées par un certain nombre de compagnies de navigation au moyen de

---

(1) Ces renseignements nous ont été en partie fournis par M. le Consul général de Russie à Bouchir.

services hebdomadaires ou mensuels et par des navires ne venant pas à époques régulières.

La British India C° est de beaucoup la plus importante de ces compagnies. Son service, réorganisé depuis le 1er janvier 1905, comprend chaque semaine deux malles allant, l'une de Bombay à Bassorah, l'autre de Bombay à Bouchir, et deux autres faisant le même voyage en sens inverse. La première de ces malles, dite « rapide », effectue le trajet en huit jours, en desservant Bombay, Kuratchee, Mascate, Bouchir, Koveit (une fois sur deux), Mohammerah et Bassorah. L'autre, dite « malle lente » (slow-boat), met treize jours pour faire un trajet moindre, mais elle s'arrête dans un plus grand nombre de ports qui sont : Bombay, Kuratchee, Pasni (une fois sur deux), Gwadar (une fois sur deux), Mascate, Jask (une fois sur deux), Bender-Abbas, Debay (une fois sur deux), Lingah, Bahrein et Bouchir.

Les navires rapides sont de beaux et confortables bâtiments à turbines, de construction récente. Ils transportent surtout des voyageurs, en particulier entre Kuratchee et Bombay où ils établissent la correspondance avec la « malle des Indes ». Ils assurent également les communications postales. Les navires lents sont de types divers ; quelques-uns sont bien, mais d'autres justifient encore la réputation de malpropreté (en général bien imméritée aujourd'hui) [1] que s'étaient acquis sur cette ligne les bateaux de la British India. Il convient d'ajouter que les « slow-boats » sont principalement affectés au transport des passagers indigènes et des marchandises. Les voyageurs qui se rendent dans des ports où ne touchent pas les malles rapides et qui sont en conséquence obligés d'avoir recours aux bateaux lents, peuvent diminuer la durée du trajet en changeant à Mascate où la correspondance est assurée. C'est aussi à Mascate qu'a lieu le transbordement de la poste pour les petits ports.

La Bombay Persian Steam Navigation C° dessert d'une manière générale les mêmes ports que la British India, mais elle n'a que deux départs par mois de Bombay.

---

(1) Les navires de la British India, nous a dit un capitaine, sont sulfurés (vides) tous les six mois à Bombay au moyen d'un appareil Clayton qui se trouve à bord d'une chaloupe dans le port. Depuis qu'ils subissent cette opération le nombre des rats, cancrelats, punaises a beaucoup diminué à bord.

L'Anglo-Arabian Steam Navigation C° met l'Angleterre en relations directes avec la Perse en faisant escale à Marseille, Port-Saïd, Suez, Aden, Mascate, Bender–Abbas, Bouchir et Bassorah, et s'il y a lieu, dans les autres ports du Golfe. Un navire part chaque mois de Londres.

La Westharthpool Steam Navigation C° assure également un service régulier entre Londres et Bassorah. Un départ mensuel de Londres.

La Bucknall Bras Steam Navigation C° établit aussi des relations directes entre l'Angleterre et le Golfe. Un steamer quitte Londres tous les mois et va jusqu'à Bassorah.

La Russian Steam Navigation C° assure un service trimestriel régulier entre Odessa et Bassorah.

Il y a quelques années la Compagnie des Messageries maritimes avait établi une ligne de Marseille à Bassorah, mais, au bout de peu de temps, cette ligne a été supprimée. Nous ne pouvons, en le rappelant, qu'exprimer à nouveau notre regret de l'inactivité dont la France fait preuve dans ces régions où elle trouverait d'utiles débouchés pour son commerce.

Tous ces navires, auxquels il faut ajouter deux stationnaires anglais habituellement ancrés devant Bouchir, n'assurent cependant qu'en partie la navigation dans le Golfe. Celui-ci est sillonné en tous sens par de nombreux voiliers venant de l'Inde, de la côte orientale de l'Afrique, de l'Arabie, ou se rendant d'une rive à l'autre. Parmi ces voiliers de toutes dimensions et de tous modèles il faut signaler les *baghalahs*, bâtiments dont la poupe élevée est caractéristique et dont le tonnage varie de 100 à 400 tonneaux. Les indigènes, tant arabes que persans, qui habitent les rivages du Golfe sont de bons marins.

Voies terrestres.— De nombreuses routes mettent le Golfe Persique en relations avec l'intérieur de la Perse, l'Irak-Arabie, la Mésopotamie et l'Arabie. Beaucoup ne sont que des pistes caravanières plus ou moins tracées ; aussi ne faut-il pas entendre par « routes » des voies toujours praticables (1) à l'instar des chemins

---

(1) Les meilleures routes de la Perse sont celles qui avoisinent Téhéran : routes de Téhéran à Kazvin (145 kil.), de Téhéran à Koum (151 kil.) etc.

de l'Europe, mais des lignes de communications habituellement suivies.

Sur les routes les plus importantes, on rencontre des caravan-sérails dans lesquels les voyageurs trouvent un abri pour eux et leurs montures. Souvent une ou deux chambres sont mises à la disposition des hôtes de distinction.

Nous citerons parmi les routes du Golfe Persique ou du Chat-el-Arab:

1° La route partant de Bender-Abbas et se dirigeant à l'E. sur Minab et le Mekran (route caravanière);

2° La route partant de Bender-Abbas et se dirigeant au N. vers Taroun, Saïdabad, puis à l'E. vers Bardsir, Kirman, Naïbend, Chour et Birdjan d'où elle remonte au N. vers Badjistan et Mesched. A Baghin, près de Kirman, cette route bifurque et se dirige au N-O. vers Yezd, Nadjin, Kaschan, Koum, Téhéran, Kaswin et Tauris. A 80 kilomètres environ de Kaswin se détache la route de Recht (routes principales). Une route caravanière relie Nadjin à Ispahan;

3° La route partant de Bender-Abbas et se dirigeant à l'O. vers Lar où elle se continue dans la même direction jusqu'à Bouchir (route caravanière);

4° La route partant de Lingah, se dirigeant au N. vers Lar où elle coupe la précédente et se continue par Furg et Niris vers Chiraz d'une part, vers Yezd de l'autre;

5° La route partant de Bouchir et se dirigeant par Kazeroum sur Chiraz (1), Dehbid, Abadeh, Jesdekast, Ispahan, Kaschan où elle rejoint la route n° 2 sur Koum et Téhéran (route principale.) Cette dernière route est très accidentée, notamment entre Bouchir et Kazeroum où elle traverse six cols, dont deux à plus de 2.000 mètres d'altitude;

6° La route partant de Mohammerah, Ahouaz, Chouster, route principale continuée par une piste caravanière jusqu'à Ispahan. Cette route, qui longe le Karoun de Mohammerah à Chouster, est

---

(1) A 60 kilomètres environ au nord de Chiraz, cette route laisse à droite les ruines de Persépolis.

doublée jusqu'à Ahouaz par un service de bateaux appartenant à une compagnie anglaise;

7° La route partant de Bagdad et se dirigeant sur Hanekine, Kermanchah, Hamadan, Téhéran, Semnan, Damgan, Schahrud et Mesched, d'où elle se continue sur Hérat (Afghanistan). De cette route se détache à Schahrud celle qui conduit à Asterabad (routes principales).

Les voies de communications sont beaucoup plus rudimentaires sur la côte sud-ouest du Golfe. Elles consistent uniquement en pistes caravanières par lesquelles les habitants de la côte se mettent en rapport avec ceux de l'intérieur. Il faut cependant citer parmi les voies fréquentées, celle qui part de Sohar, sur la côte est de l'Oman, traverse à sa base la presqu'île de Ras-el-Djebel pour aboutir à Abu-Thabi sur la côte ouest. A mi-chemin, se trouve Biremah (ou El Bereymi) d'où part la piste suivie par les caravanes qui se rendent à El Hofuf (à la hauteur des îles Bahrein), à Riad et à La Mecque, par le désert du Nedj. Cette voie est analogue à celle qui part de Bagdad dans la direction de Kerbela et de Nedjef, et se poursuit également à travers le désert jusqu'à Hail, au centre du Nedjd, et à La Mecque.

Toutes ces routes présentent au point de vue de la dissémination du choléra et de la peste un intérêt en rapport avec leur importance; la plupart ne traversent au voisinage du Golfe, surtout sur la côte arabique, que des régions désertes peu favorables à la propagation des épidémies. La grande voie fluviale du Chat-el-Arab reste la plus dangereuse et c'est elle qu'il importe surtout de surveiller et de protéger (1).

Chemins de fer. — Plusieurs lignes de chemin de fer, en projet ou en cours d'exécution, contribueront aussi dans un temps plus ou moins éloigné à favoriser la propagation jusqu'aux bassins

---

(1) Il est à prévoir que, malgré la création du chemin de fer dont nous allons parler, cette route sera de plus en plus suivie. L'ingénieur anglais Wilcox a présenté un projet pour l'irrigation de la Mésopotamie et la régularisation du cours du Tigre et de l'Euphrate.

D'autre part un projet de canal du Golfe Persique à la mer Caspienne a été étudié par un ingénieur allemand, M. Waechter. Ce canal, d'une longueur de 838 kilomètres, commencerait à Enzeli, au nord de Recht sur la Caspienne, et aboutirait à Bagdad en détournant les eaux du Kisil-Usen et du Dijoala.

RUSSIE
MER NOIRE
MER CASPIENNE
Batoum
Bakou
EMPIRE
ASIE MINEURE
Angora
Smyrne
Konieh
Biredjik
Mossoul
Mersine
Alep
PERSE
MER
Bagdad

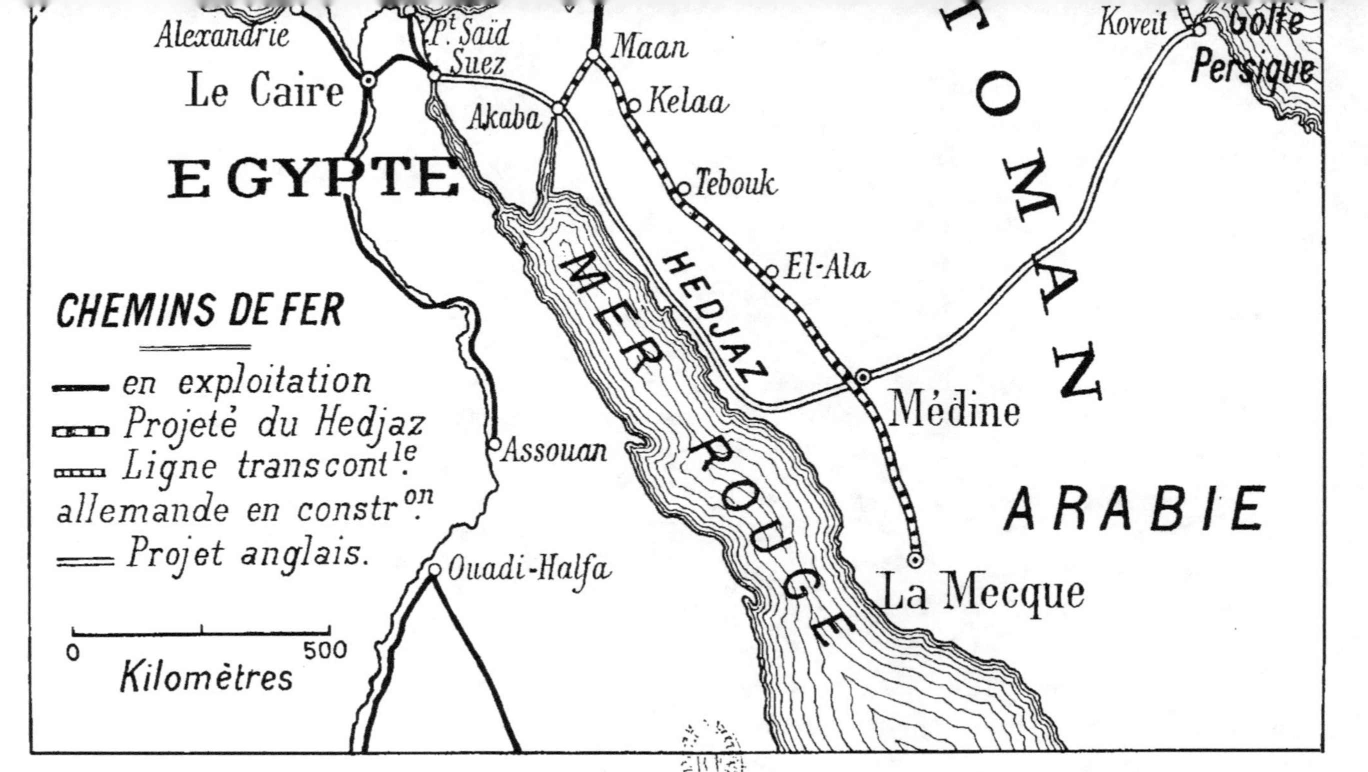

Carte des chemins de fer exploités ou projetés en Asie Mineure, en Syrie, en Arabie et en Mésopotamie

(D'après le « Tour du Monde », n° 42, 1903. Librairie Hachette.)

de la Méditerranée, de la mer Noire et de la Caspienne, des épidémies qui arriveraient par la voie du Golfe Persique ou prendraient naissance sur ses bords.

La ligne de l'Asie Mineure et de la Mésopotamie est à ce point de vue d'un grand intérêt. Son tracé est arrêté depuis plusieurs années. Cette ligne se raccorderait à Konieh (Anatolie) au réseau qui dessert actuellement Smyrne, Constantinople et Angora. De Konieh, la ligne gagnerait Biredjik et Mossoul d'où elle descendrait en longeant le Tigre jusqu'à Bagdad ; elle traverserait ensuite l'Euphrate, passerait à Kerbela et à Nedjef, arriverait à Zobeir où il y aurait un embranchement sur Bassorah, et se terminerait à Koveit. Cette longue voie ferrée de 2.500 kilomètres environ se rattacherait, à la hauteur d'Alep, à la ligne du Hedjaz.

La ligne du Hedjaz qui doit mettre en communication directe avec La Mecque, l'Asie Mineure, la Syrie et la Palestine, est loin d'avoir, au point de vue auquel nous nous plaçons, le même intérêt que la précédente. Lorsqu'elle sera terminée, les plateaux du Nedj et les déserts de l'Arabie sépareront encore le Golfe Persique du point où elle aboutira. Cependant la création de cette voie ferrée se rattache à la question qui nous occupe, en ce sens qu'elle aura une influence sur l'établissement des lignes futures pour lesquelles elle constituera une amorce, de même que l'existence des tronçons Beyrouth-Damas et Jaffa–Jérusalem n'a pas dû être étrangère à sa propre installation.

Cette ligne, dont les travaux avancent avec une grande rapidité et pour l'achèvement de laquelle des sommes considérables sont recueillies dans le monde religieux musulman, suit la route de tous temps fréquentée par les caravanes qui se rendent de Syrie aux villes saintes de l'Arabie et dont les principales étapes sont Mzerib, Amman, Maan, Kelu, Tebouk, El-Ala, Médine et La Mecque. Depuis plusieurs mois elle a dépassé Maan, et déjà l'an dernier, à l'occasion de l'anniversaire de l'avènement du sultan, les trains ont circulé entre Damas et cette dernière ville, faisant un parcours de 465 kilomètres. La durée des voyages de la caravane de La Mecque qui, depuis quatre ans, utilise cette voie nouvelle, est actuellement inférieure à vingt jours, alors qu'elle était autrefois de quarante-cinq environ. Il y a plusieurs années que le chemin de fer du Hedjaz est relié à la Méditerranée par la ligne de Beyrouth à Damas et il doit l'être à ce jour par celle de Caïffa à Dérat, près de Mzerib, dont les travaux ont été activement poussés. La ligne de Jaffa à Jérusalem, qui est partiellement exploitée depuis longtemps par un petit chemin de fer français, sera d'autre part incessamment continuée jusqu'à Amman.

Une troisième ligne a été projetée en vue de relier l'Égypte au Golfe Persique. Elle partirait de la rive arabique du canal en face de Suez, suivrait le littoral du Hedjaz et, à la hauteur de Médine qu'elle desservirait, se dirigerait vers l'E. pour gagner Koveit en traversant toute la péninsule arabique.

Nous devons enfin faire mention des lignes exploitées ou projetées en Perse. Il n'existe dans ce pays qu'une petite voie ferrée mettant en communication Téhéran et Chah-Abdoul-Azim. Cette ligne de 9 kilomètres a été ouverte en 1888. Une autre voie ferrée serait également projetée de Kaswin à Hamadan. Elle tendrait par conséquent à faciliter les communications entre le N.-O. de la Perse et le Golfe Persique dans la direction duquel elle serait peut-être un jour prolongée. Une troisième ligne doit être également construite par les Russes mais sur leur territoire, entre Érivan, ville de la Russie transcaucasienne à 230 kilomètres au S. de Tiflis, et Nachitschevan. Cette voie ferrée longera la frontière persane qu'elle doit traverser plus tard pour aller jusqu'à Tauris.

Télégraphe. — Nous n'avons pas à nous occuper ici des lignes télégraphiques de la Perse qui ont pris depuis une douzaine d'années un notable développement, mais seulement de celles qui mettent en relation les pays étrangers avec le Golfe Persique et contribuent ainsi à sa défense sanitaire. C'est de la puissante compagnie du télégraphe indo-européen que ces lignes dépendent. Le câble partant de Kuratchee touche à Gwadar (Bélouchistan), puis à Jask ; là il se divise en trois lignes : l'une se rend à Mascate ; la seconde traverse le Golfe dans toute sa longueur en passant au sud des îles de Tamb, d'Abu-Mussa et de Siri, et aboutit à Bender-Bouchir ; la troisième suit le même trajet en se rapprochant davantage de la côte persane et dessert la station située dans l'île d'Henjam ; elle gagne ensuite Bender-Bouchir. La douane persane, qui a dans ses attributions le service postal, a organisé, comme nous le verrons au chapitre IV, une correspondance entre le bureau du télégraphe d'Henjam et le bureau de poste de Bender-Abbas. De Bender-Bouchir un câble unique se rend au Fao où il se raccorde (comme celui de Bouchir) avec les lignes terrestres. Ainsi l'île d'Henjam et le Fao sont reliés au réseau télégraphique général, fait à signaler au point de vue de l'installation de lazarets sur ces deux points.

Commerce du Golfe. — Ce commerce est important, comme le démontrent les renseignements concernant les lignes de navigation que nous avons donnés plus haut. Pour les quatre grands ports persans, Bender-Bouchir, Lingah, Bender-Abbas et Mohammerah, les échanges se chiffraient en 1896 par 69.449.075 francs, dont 41.571.825 fr. à l'importation et 27.877.250 fr. à l'exportation. Les pays importateurs se classaient dans l'ordre suivant : Inde, Angleterre, Arabie, France, Turquie, etc. ; les pays exportateurs étaient l'Inde, l'Arabie, la Chine, l'Angleterre, la Turquie, etc.

Nous devons à l'obligeance de M. le Consul général de Russie à Bouchir le tableau ci-après des importations et des exportations dans ce port et dans ceux de Lingah et Bender-Abbas, du 21 mars 1903 au 20 mars 1904, c'est-à-dire au cours de l'avant-dernière année persane. Les chiffres des importations et exportations sont calculés en roubles or (1). Nous n'avons pas fait la conversion en francs parce que c'est moins cette question qui nous intéresse ici que celle des pays en relations commerciales avec le Golfe, dont ce tableau présente l'énumération complète.

En ce qui concerne plus spécialement le port de Bender-Bouchir, le nombre des passagers débarqués ou embarqués pendant les dix premiers mois de l'année qui a suivi celle dont nous venons de parler, c'est-à-dire du 21 mars 1904 au 20 janvier 1905, a été de 2.778 pour les steamers et de 2.113 pour les embarcations indigènes. Les équipages de ces divers bâtiments comprenaient 14.127 personnes pour les steamers et 4.898 pour les embarcations indigènes. C'est donc, pour le seul port de Bouchir, un mouvement important d'individus plus ou moins susceptibles de transporter des maladies contagieuses.

Pèlerins. — Les pèlerins qui traversent le Golfe Persique ou partent des localités du littoral pour se rendre aux lieux saints en

______

(1) Le rouble or correspond à 4 francs de notre monnaie.

Importations et exportations dans les ports de Bender-Bouchir, Lingah et Bender-Abbas.

PAYS	BENDER-BOUCHIR		LINGAH		BENDER-ABBAS	
	IMPORTATION	EXPORTATION	IMPORTATION	EXPORTATION	IMPORTATION	EXPORTATION
Aden	»	7.631	154	33.256	»	253
Allemagne	478.511	27.513	5.827	360	2.816	»
Amérique	2.369.689	»	»	»	3.488	»
Angleterre	5.186.319	77.067	278.761	33.092	1.345.498	53.147
Arabie (Oman)	1.153	»	36.853	85.416	10.000	68.217
Autriche	208.847	»	54.927	»	152.277	»
Bahrein	28.997	69.412	848	25.809	»	»
Belgique	62.324	36.926	580	»	71.217	»
Birmanie	29.013	»	»	»	»	»
Chine	216.620	1.800.075	10.386	»	202.078	367.506
Chypre	»	1.629	»	»	»	»

Hollande	53.572	»	»	»	»	»
Colonies hollandaises	173.749	1.272	811	»	76.610	»
Indes	1.728.482	861.590	426.669	683.683	1.376.329	589.266
Italie	297	»	228	»	22	»
Japon	57.480	»	486	»	13.555	»
Koveit	5.766	34.226	»	»	»	1.489
Malabar	»	»	135	»	7.593	»
Mascate	5.889	17.279	»	»	1.341	4.265
Russie	24.119	54.587	13.886	»	12.859	3.465
Suède	87.671	»	1.917	»	13.840	»
Suisse	564	»	90	»	445	»
Turquie	299.487	300.221	10.216	61.649	1.328	27.401
Zanzibar	10.215	5.213	11.943	64	»	»
Totaux	11.049.748	3.677.365	864.950	925.555	3.706.986	1.115.858

suivant la voie de terre, appartiennent à deux catégories : ceux qui vont à La Mecque, ceux qui vont à Kerbela et à Nedjef (1).

A. *Pèlerins de La Mecque.* — Les pèlerins qui empruntent la voie maritime proviennent des régions de la moitié sud de la Perse, Kurdistan, Kirman, Mekran, Luristan, Arabistan, Fars. Ils s'embarquent, ceux de l'E. à Bender-Abbas et Lingah, ceux du centre à Bouchir, ceux de l'O. à Bassorah et à Bagdad où ils arrivent par Kermanchah et Hanikine (2). De Bagdad ou de Bassorah partent aussi les pèlerins de Mossoul, Kerkouk, Sulemanieh, Kerbela et Nedjef.

Une grande partie des pèlerins de la côte arabique se rendent également à La Mecque par mer. Ils s'embarquent, soit à Mascate (pèlerins de Mascate et de la côte de Batinah), soit à Bender-Abbas, à Lingah (pèlerins de la côte des Pirates et de Bahrein), soit à Bender-Bouchir, après avoir traversé le Golfe dans des boutres.

Les navires qui transportent tous ces pèlerins appartiennent à la « Bombay and Persian Steam Navigation Cⁿ », à la « Russian Steam Navigation Cⁿ », à la compagnie anglaise « Strict », à d'autres compagnies diverses ou même à la marine de guerre ottomane. C'est ainsi que pour le dernier pèlerinage (1905), des arabes ont pris passage sur un transport de guerre turc qui a fait relâche à Mascate.

Des indigènes font aussi le voyage de Djeddah par boutres, mais la plupart préfèrent aux lenteurs et aux aléas de ce moyen de navigation, la rapidité, la sécurité et le confort relatif que leur offrent les navires à vapeur. Quant au nombre des pèlerins à destination de La Mecque, il est difficile de le connaître d'une manière précise en raison de la multiplicité des régions d'où ils proviennent et des points où ils s'embarquent. Nous avons cependant recueilli à cet égard quelques indications intéressantes.

De Bender-Abbas partent en moyenne une cinquantaine de

---

(1) Nous n'avons pas à nous occuper ici des pèlerins, nombreux également, qui se rendent à Meched, capitale de la province de Korassan, où se trouve le tombeau vénéré de l'iman Rezan, un des disciples d'Ali. La grande affluence des pèlerins a rendu cette ville prospère, même au point de vue industriel et commercial; elle est aujourd'hui la plus importante de la région N.-E. de la Perse.

(2) Les pèlerins des provinces du nord gagnent au contraire La Mecque par les bateaux russes de la mer Noire.

pèlerins; de Lingah environ 200; de Bender-Bouchir 800 à 900;
de Bassorah 450; de Mascate environ 300. Ces chiffres réunis
donnent un total approximatif de 1.800 à 1.900 pèlerins, total qui
semble un peu inférieur à la réalité si on le rapproche des données
statistiques fournies par les rapports officiels sur le pèlerinage.
Nous voyons dans celui de M. le Dr Delpino, inspecteur sanitaire
de Djeddah, que les pèlerins débarqués à Djeddah et à Yambo en
1903-1904 comprenaient:

```
Persans............................   1.879
Arabes de l'Irak...................   1.837
Adramoutes et Mascates.............   1.087
                                      ─────
       Soit un total de............   4.803
```

Mais il faut déduire de ce chiffre les Persans en nombre indéterminé
qui ont emprunté la route de la mer Noire et les Adramoutes qui
constituent certainement les deux tiers au moins du dernier groupe.
Nous voyons d'autre part dans le rapport de M. le Dr Lubicz,
directeur du lazaret de Camaran, que le nombre des pèlerins transportés par cinq vapeurs provenant du Golfe Persique a été de 2.448.
Ce chiffre, qui se rapproche assez sensiblement de celui auquel nous
sommes arrivé, nous semble représenter le nombre moyen des
pèlerins venant par mer du Golfe Persique.

Ceux qui empruntent la voie de terre sont beaucoup moins nombreux : ils proviennent presque exclusivement de la côte d'Oman,
(notamment de Koveit, d'El Katif, de El Hofuf et de la presqu'île
d'El Katar) et de l'Irak-Arabie. Les premiers auraient été 200 environ
en 1905 ; le nombre des seconds, qui partent principalement
de Bagdad, ne nous est pas connu. Cette caravane s'augmente en
chemin de nouveaux membres : elle traverse le Nedj et se réunit
à celle qui est venue de l'E. par le pays de Riad, pour former à
l'arrivée une agglomération de 2.500 pèlerins. C'est à ce chiffre
qu'elle est évaluée dans le rapport précité de M. le Dr Delpino pour
le pèlerinage de 1903-1904.

B. *Pèlerins de Kerbela et de Nedjef.* — Kerbela et Nedjef
sont deux cités saintes de la province de Bagdad. La première,
située à 90 kilomètres au S.-S.-O. de cette ville, non loin de la rive
droite de l'Euphrate, contient le tombeau de Hussein et la mosquée

de Hassan. Kerb-Ellah, qui signifie « tristesse, malheur », se nomme aussi Mechehed-Hussein, c'est-à-dire « lieu du martyre de Hussein ». Elle est vénérée des musulmans chiites qui forment la secte à laquelle appartiennent la presque totalité des Persans et beaucoup d'Indous. Les Turcs au contraire sont « sunnites » (1). Sur 65.000 habitants, Kerbela, bien que située en territoire ottoman, compte 41.000 Persans et 5.000 Indous qui sont sous la protection et la justice d'un consul et d'un agent consulaire relevant chacun de leur consulat général de Bagdad. On fabrique à Kerbela (comme d'ailleurs à Nedjef) des « torba » ou briques de terre sainte, avec inscription sur une face, qui s'expédient en quantité dans l'Irak-Arabie, la Perse et l'Inde et sur lesquelles les fidèles appuient leur front en se prosternant pour prier. On y vend aussi quantité de linceuls en madapolam imprimé et gravé d'un verset du Coran.

Nedjef ou Mechehed-Ali (lieu du martyre d'Ali) (2) est à 70 kilomètres S.-S.-E. de Kerbela, sur la rive septentrionale de la « mer de Nedjef», vaste lac marécageux alimenté par le Hindieh, dérivation naturelle du cours de l'Euphrate auquel il se réunit de nouveau. Nedjef est une ville de 5.000 habitants, plus propre que la plupart des villes d'Orient. Les pèlerins chiites s'y rendent après avoir accompli leurs cérémonies à Kerbela.

Les renseignements qui précèdent touchant la religion des Persans montrent de quelle importance est pour eux le pèlerinage de

---

(1) La différence des deux doctrines a pour origine certains faits historiques qui ont engendré de profondes inimitiés nationales. Les sunnites reconnaissent pour successeur de Mahomet les trois khalifes Abou-Bekr, Omar et Osman, que les Persans regardent comme usurpateurs des droits imprescriptibles d'Ali, neveu et gendre du prophète, dont un fils, Hussein, épousa la dernière fille du sassanide Yezdigherd, réunissant ainsi le sang du prophète et celui des souverains héréditaires de l'Iran. Toute cette famille fut massacrée à Koufa (à 5 kilomètres de Nedjef) et à Kerbela. Ali est mis sur le même rang que Mahomet: il est le lieutenant, le vali d'Allah et, pour un grand nombre, la divinité par excellence .... Ce n'est que graduellement que la secte chiite, d'abord persécutée, conquit toutes les populations persanes: elle ne devint religion d'État que sous les Sevefides. Un changement notable, en dehors de celui du dogme signalé plus haut, s'est accompli dans le culte. L'ancienne caste des Mages s'est graduellement reformée par la réunion des docteurs de chaque cité; la hiérarchie sacerdotale est devenue beaucoup plus forte que chez les sunnites, et le Coran, loin d'être livré à l'interprétation des fidèles, ne peut être lu et commenté que par les mollahs. (*Nouveau dictionnaire de géographie universelle*, article Perse. Librairie Hachette.)

(2) Ali fut assassiné à Koufa, dans une mosquée « aujourd'hui sans voûte, sans piliers et presque sans murs », dont les pèlerins chiites se détournent avec horreur. Koufa qui se trouve à 5 kilomètres à l'est de Nedjef, a été autrefois une ville importante, « cité d'artistes et de lettrés dont le nom s'est conservé dans celui de lettres koufiques donné aux caractères arabes de certaines inscriptions ». « Ce n'est plus maintenant qu'un amas de masures ». (*Nouveau dictionnaire de géographie universelle*, article Koufa, Librairie Hachette.)

Kerbela et de Nedjef, pèlerinage très fréquenté, et qui, au point
de vue sanitaire, présente des dangers sinon plus grands du moins
plus fréquents que celui de La Mecque. Les conditions de transport
des deux catégories de pèlerins ne sont pas en effet les mêmes.
Alors que ceux qui vont à La Mecque partent en général au même
moment et par groupes nombreux, embarqués (c'est le cas le plus
habituel) sur des navires spécialement affrétés, ou formant d'importantes caravanes, les pèlerins qui se rendent à Kerbela voyagent à
des époques indéterminées (bien que de préférence en hiver et au
printemps) et par petits groupes, en utilisant les moyens réguliers
de transport. C'est ainsi que les navires de la British India, de
la Bombay and Persian C⁰ et de la Russian Steam Navigation C⁰
en amènent un nombre très grand qui s'embarquent à Bombay,
à Kuratchee, à Pasni, à Gwadar, à Mascate et dans les ports persans
et même arabiques du Golfe. La première de ces compagnies en
particulier y trouve un des éléments importants de son trafic.
Le danger de propagation des épidémies est donc moins grand
d'une part, puisque les agglomérations de pèlerins sont moins
importantes; il est plus fréquent, puisque les occasions de transmission des germes sont plus répétées et les mesures spéciales
moins faciles à prendre. En fait les pèlerins de Kerbela ne
doivent pas être assimilés à des voyageurs ordinaires mais à des
voyageurs sur lesquels il convient d'exercer une surveillance
constante. C'est pourquoi, disons-le par avance, il serait beaucoup
plus utile d'avoir dans les principaux ports persans et arabiques
un service sanitaire convenablement outillé qu'un lazaret unique où
la plupart de ces pèlerins n'iraient pas et où il serait impossible
de prendre des mesures efficaces.

D'après les renseignements que nous devons à l'amabilité de
M. le Dʳ Hoffer, médecin italien qui fait partie de l'administration
sanitaire ottomane et dirige le service à Bassorah, le nombre des
pèlerins passant par cette ville pour se rendre à Kerbela et à Nedjef
a été en moyenne pour les années 1903 et 1904 de 5.800, dont
3.500 hommes, 1.300 femmes et 1.000 enfants. Il était moins
élevé les années précédentes, les autorités de l'Inde ayant interdit le
pèlerinage à cause de l'épidémie de peste. A ce chiffre de 5.800 pèlerins, il faut ajouter le nombre inconnu de ceux qui arrivent à
Bassorah en «belem» (petit bateau à voiles ou à rames) et
échappent plus facilement à la surveillance, ou qui gagnent Kerbela

par la voie de terre (1). La durée habituelle de leur voyage varie de trente à cinquante jours s'ils ne s'arrêtent pas longtemps dans les lieux saints.

Transport des cadavres. — La croyance établie parmi les musulmans chiites que les fidèles vivant à Kerbela et à Nedjef sont préservés de l'enfer, a pour effet d'amener un grand nombre d'entre eux à exprimer le vœu que leurs corps y soient transportés après leur mort. Kerbela et Nedjef sont ainsi devenues de vastes nécropoles et la terre de ces cités saintes est pour le même motif employée, comme nous l'avons vu, à la confection des « torba » ou briques talismaniques. A Nedjef, où est le tombeau d'Ali, se trouve la nécropole principale, « immense crypte divisée en trois étages où les cadavres sont déposés par ordre de préséance suivant le prix payé par les héritiers ».

Nous avons cherché à obtenir des renseignements précis sur cette question du transport des corps; nous n'y sommes pas parvenu. Il résulte toutefois de ceux que nous avons recueillis à des sources diverses que, depuis quelques années, une modification heureuse s'est produite, due en partie aux réglementations instituées par les pays intéressés, notamment par la Turquie qui a interdit, il y a huit ans, l'introduction des cadavres indiens et persans, sauf en vertu d'autorisations spéciales accordées, suivant toute probabilité, moyennant le paiement d'un droit.

L'administration sanitaire ottomane possède à Kerbela et à Nedjef des agents chargés de surveiller l'application de cette disposition et de dresser procès-verbal aux délinquants. L'autorité locale est alors saisie. Souvent, il est vrai, les choses en resteraient là, probablement par suite d'un arrangement amiable; mais la mesure, même appliquée à l'orientale, n'en aurait pas moins produit des résultats appréciables. Le gouvernement ottoman fait également exercer une surveillance aux frontières terrestres par lesquelles arrivaient autrefois les caravanes transportant les cadavres et que l'on a justement appelées des « charniers ambulants ». Ces caravanes empruntaient surtout la route de Hanekine, Kermanchah, Hamadan.

---

(1) Dans une lettre adressée le 24 septembre 1897 à M. le ministre des affaires étrangères, M. Ferrand, vice-consul de France à Bouchir, évalue à près de 15.000 le nombre des pèlerins de Kerbela et de Nedjef.

Les cadavres arrivaient aussi sur des bateaux par le Chat-el-Arab ;
les moyens de transport utilisés aujourd'hui par les pèlerins ne leur
permettent pas d'en amener avec eux. Ce ne sont plus d'ailleurs
des corps en putréfaction, mais seulement des ossements (1) qui
sont maintenant apportés à Kerbela ou à Nedjef. Le plus souvent
ces ossements, placés dans de petites caisses dissimulées dans les
nombreux bagages des pèlerins, sont passés en contrebande.

Il ne semble donc pas dans ces conditions qu'il résulte du transport des restes des personnes décédées un danger semblable à
celui que ce transport présentait autrefois.

CHAPITRE II

**Organisation actuelle du service sanitaire maritime dans le Golfe Persique,
à Mohammerah et à Bassorah.**

Il existe dans le Golfe Persique un service sanitaire maritime ; ce
service est assuré, comme les autres, par les Anglais.

A. — Mesures sanitaires

Le service sanitaire comporte des mesures prises, en exécution de
la Convention de Venise de 1897 :

> au départ de l'Inde ;
>
> à bord des paquebots ;
>
> à l'arrivée dans le Golfe.

Mesures au départ. — Conformément au titre II, chapitre I de la
Convention, les personnes quittant un port contaminé de l'Inde
sont l'objet, avant leur embarquement, d'un examen sanitaire.
Cet examen, sommaire pour les européens, plus approfondi pour
les indigènes, est effectué à terre, dans un local spécial. Il est constaté

---

(1) La mort doit remonter à plus de trois ans.

par un certificat que produit le voyageur au moment où il monte à bord et à défaut duquel il n'est pas admis sur le navire. Pour les « natifs », le certificat est parfois remplacé par une marque apposée sur l'avant-bras au moyen d'un timbre humide. Cela se fait ainsi à Kuratchee.

Les vêtements, la literie, les objets suspects appartenant aux indigènes de l'équipage et aux passagers de 3e classe et de pont, sont désinfectés à terre avant leur embarquement.

Mesures pendant la traversée. — Lorsque le navire fait escale dans un port où il y a un médecin chargé du service de la santé, celui-ci remet au commandant un certificat constatant l'état sanitaire du port et de ses environs au point de vue de l'existence du choléra ou de la peste, ainsi que les conditions sanitaires dans lesquelles lui a paru se trouver le navire lui-même. Ce certificat est présenté aux escales suivantes aux médecins de la santé et déposé au port d'arrivée entre les mains de l'autorité sanitaire. Les navires ont également une patente.

On trouvera en annexe les certificats délivrés au slow-boat « Henzada » de la British India, au cours d'un voyage de Bombay à Bassorah, en octobre et novembre 1904.

Afin de donner satisfaction au service de santé ottoman, la compagnie de la British India place un médecin à bord de ceux de ses paquebots qui remontent jusqu'à Bassorah, mais de ceux-là seulement. Ce médecin est soit un parsi, soit un anglo-portugais, gradué d'une université de l'Inde. C'est une sorte d'officier de santé dont les connaissances sont en général restreintes et dont la situation à bord est des plus effacées, les officiers des navires anglais tenant systématiquement à distance tous les « natifs ».

La présence de ces médecins constitue d'autant moins une garantie qu'ils n'accompagnent souvent le navire que dans la dernière partie du voyage, c'est-à-dire de Bouchir à Bassorah. Ils n'y sont donc que pour la forme.

Mesures à l'arrivée. — Elles consistent dans la visite médicale et la quarantaine.

La visite médicale est une sorte de revue rapide passée sur le pont du navire par le médecin du port et à la suite de laquelle les passagers sont placés, s'il y a lieu, en observation dans des bâtiments spéciaux

dits de la « quarantaine » pour compléter une période de dix jours
à dater du départ du dernier port contaminé.

Dans les ports où se trouve un médecin de la santé, les passagers
doivent attendre bien entendu pour quitter le navire d'y avoir été
autorisés par ce médecin, mais la communication avec la côte n'en
a pas moins été établie, dès l'arrivée en rade du bâtiment, par les
nombreux indigènes qui, à chaque escale, viennent à bord, mani-
pulent les marchandises et les bagages et en opèrent le déchargement.
A peine le bateau a-t-il stoppé, qu'ils y grimpent de tous les côtés
et y amarrent leurs embarcations.

Le navire n'en est pas moins considéré comme ayant opéré « en
quarantaine », ainsi que l'on peut en juger par les certificats délivrés
au steamer « Henzada » de la compagnie British India, dans les
ports de Mascate, Bender-Abbas et Lingah en octobre 1904. (Voir
ces certificats aux annexes.)

La fantaisie a parfois aussi sa part dans les mesures prises à
l'arrivée : c'est ainsi qu'en 1904, le médecin de Bender-Abbas avait,
de son initiative privée, décidé que les marchandises provenant de
pays contaminés arrivant dans ce port, ne seraient livrées aux
destinataires qu'au bout de six jours. Il n'a d'ailleurs pas persisté
dans cette exigence pseudo-sanitaire.

Il est inutile d'ajouter qu'en dehors des principaux ports que
nous indiquerons plus loin, il n'est pris, tant sur la côte persane
que sur la côte arabique, aucune mesure à l'arrivée des navires.
C'est dire qu'un grand nombre de boutres et de petites embarcations
échappent à toute surveillance.

B. — Service médical

Les médecins auxquels est confiée la surveillance sanitaire des
navires dans le golfe d'Oman et dans le Golfe Persique sont pour
la plupart attachés aux consulats anglais ou aux stations du
télégraphe indo-européen. Les uns, c'est le très petit nombre, sont
de nationalité anglaise : ce sont des docteurs, officiers de « l'Indian
medical service » ; les autres sont des anglo-portugais, ou des
parsis provenant de l'une des quatre écoles de Bombay, Madras,
Calcutta et Lucknow. Tous sont nommés par le Gouvernement des
Indes dont ils relèvent uniquement.

Il existe des médecins dans les ports suivants :

Jask. — Un officier de santé anglo-indien, médecin du télégraphe indo-européen ;

Bender-Abbas. — Un officier de santé anglo-indien, attaché au vice-consulat ;

Lingah. — Un officier de santé anglo-indien, médecin de la station sanitaire ;

Bender-Bouchir. — 1° Un docteur anglais, de l'« Indian medical service », attaché au consulat, faisant fonctions de chef de service de la santé dans le Golfe Persique ; — 2° Un officier de santé anglo-indien chargé des arraisonnements et de la station sanitaire ;

Mohammerah. — Un officier de santé anglo-indien, attaché au vice-consulat ;

Koveit. — Un officier de santé anglo-indien, attaché au consulat ;

Menama (Bahrein). — Un officier de santé anglo-indien, attaché au vice-consulat ;

Mascate. — Un docteur anglais de l'« Indian medical service », attaché au consulat.

C. — Batiments sanitaires

Les quarantaines (nous conservons ce nom partout usité dans le Golfe aux périodes d'observation imposées aux passagers) sont effectuées dans des bâtiments spéciaux, plus ou moins isolés et tout à fait rudimentaires. Ces bâtiments comprennent en général deux ou trois chambres à l'usage des passagers de première et de deuxième classe, un local dans lequel on peut faire la cuisine pour ces passagers, exceptionnellement une salle de bains, des huttes pour les passagers de troisième classe et des abris pour les gardiens. A Bouchir il y a une étuve à désinfection qui n'a peut-être pas été utilisée. Ces locaux d'isolement ne sont pas entourés de murs.

Les malheureux européens qui y sont internés ne trouvent dans ces établissements aucune ressource au point de vue de l'alimentation. Ils doivent se procurer, comme ils peuvent, un cuisinier et des provisions. Pour les indigènes dont les habitudes d'inconfort, de saleté et d'oisiveté ne sont pas modifiées par le fait du séjour dans les locaux quarantenaires, l'épreuve est infiniment moins pénible. Les européens sont parfois autorisés à subir l'observation chez eux, mais cet adoucissement est exceptionnel.

Le séjour dans les bâtiments sanitaires donne lieu à l'application des taxes suivantes perçues par l'administration des douanes :

```
Passagers de 1re classe 17  krans (1) soit . . . . .   7 fr. 56
     —          2e    —   14     —           —   . . . . .   6 fr. 23
     —          3e    —   10    — -          - -  . . . . .   4 fr. 45
```

A Bouchir, l'administration des douanes émet la prétention de faire acquitter les droits sanitaires même par les voyageurs qui n'ont pas eu à subir la quarantaine.

Il existe des locaux quarantenaires à Jask, Bender–Abbas, Lingah, Bouchir, Mohammerah, c'est-à-dire dans les principales villes de la côte persane. Nous donnons pour les quatre derniers ports des plans sommaires que nous devons pour une grande part à l'obligeance de M. le Dr Bussière.

Jask. — Nous n'avons pas de croquis des locaux d'isolement de ce port où l'on utiliserait dans ce but une partie de l'ancien fort.

Bender-Abbas. — Les bâtiments d'isolement sont situés à 3 kilomètres à l'E. de la ville, assez près par contre du village de Naoband, et à 800 mètres environ du vice-consulat d'Angleterre, lequel se trouve entre ces bâtiments et la mer. Ils se composent d'une construction rectangulaire sans étage comprenant plusieurs pièces entourées d'une vérandah circulaire pour les passagers de première et de seconde classe, d'une autre construction servant de cuisine et de quelques abris en nattes pour les passagers de troisième classe et pour les surveillants. Il n'existe aucune clôture. A proximité de la station quarantenaire se trouve un grand puits dont l'eau est utilisée même par les habitants de Bender-Abbas.

---

(1) Le kran est la dixème partie du toman, lequel valait 4 fr. 45 en février 1905. Le kran valait donc alors 0 fr. 445.

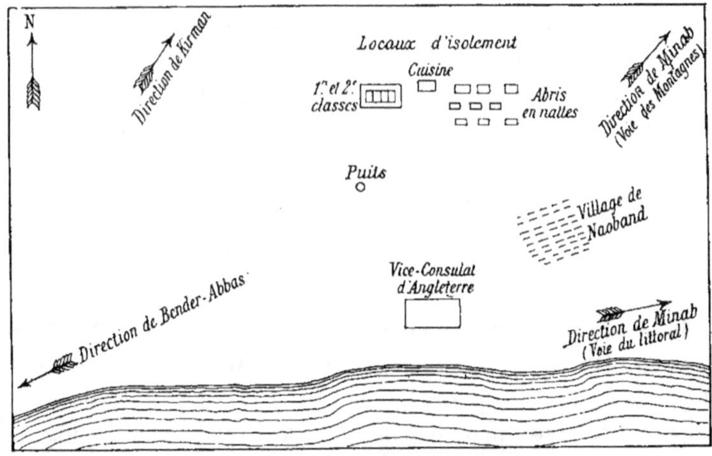

LOCAUX D'ISOLEMENT A BENDER-ABBAS

Lingah. — Les bâtiments d'isolement sont à 4 kilomètres environ à l'O. de la ville, mais très rapprochés de la piste que suivent les caravanes pour se rendre de Lingah à Tcharak. Ils forment

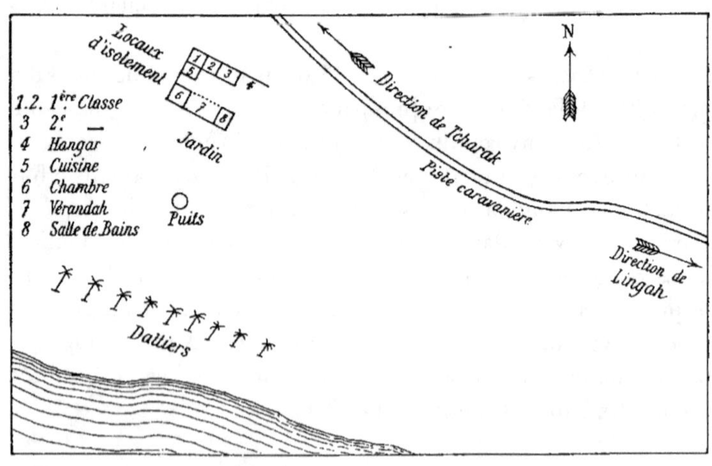

LOCAUX D'ISOLEMENT A LINGAH

une sorte de quadrilatère incomplet au milieu duquel est une cour.
Ils se composent de deux pièces pour les passagers de première classe,
d'une pièce pour ceux de seconde, d'un hangar pour ceux de
troisième et d'une cuisine. Du côté opposé de la cour se trouvent
une autre chambre, une vérandah et une salle de bains. Près des
bâtiments, dans la direction du rivage, il y a un jardin et plus loin
un puits. Il n'existe pas de mur de clôture.

Bender-Bouchir. — Les bâtiments d'isolement sont situés dans
la petite île d'Abassek, située entre Bouchir et Shiff. L'accès en est
difficile à cause du manque de fond qui ne permet pas aux
embarcations d'accoster au rivage; les passagers doivent entrer
dans l'eau ou être portés à dos d'homme sur un assez long trajet.
Les bâtiments d'isolement se composent d'une construction rectangulaire avec double vérandah et salle de bains pour les passagers
de première classe, d'autres constructions de dimensions moindres
pour ceux de seconde et de troisième.

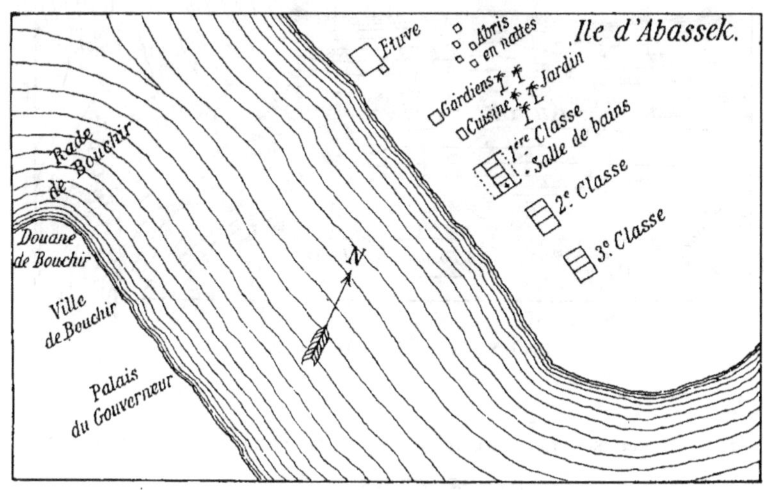

LOCAUX D'ISOLEMENT A BOUCHIR

Il existe en outre des abris en nattes pour les passagers de pont
près de la maison des gardiens, ainsi qu'une cuisine. La station de
Bouchir est pourvue, nous l'avons dit, d'une étuve à désinfection,

étuve fixe à deux portes mais sans séparation entre le côté des objets suspects et celui des objets désinfectés. Bien que très insuffisante, cette station est supérieure à celles dont nous venons de parler.

Mohammerah. — Le bâtiment d'isolement est une caserne provisoirement désaffectée, située sur la rive gauche du Karoun, au point où cette rivière se jette dans le Chat-el-Arab. C'est une vaste construction rectangulaire qui présente, dans le sens de la largeur, une série de chambres s'ouvrant sous une vérandah faisant face à la rivière. Tout près est la maison du médecin. Il n'y a pas d'habitations à proximité. La ville de Mohammerah se trouve sur la rive opposée.

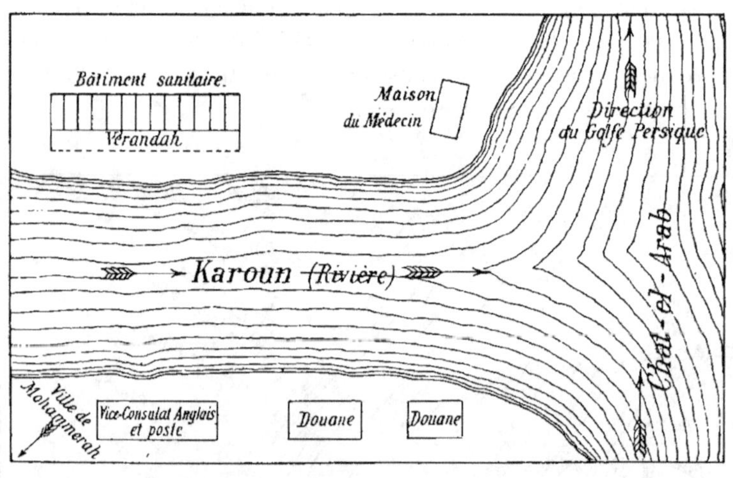

LOCAUX D'ISOLEMENT A MOHAMMERAH

D. — Dépenses occasionnées par le service sanitaire maritime dans le Golfe Persique

Ces dépenses sont de trois ordres :
traitements et indemnités payés aux médecins ;
traitement du petit personnel ;
dépenses de matériel.

Les traitements des médecins leur sont payés, sur la caisse des douanes persanes, par l'intermédiaire du Résident britannique à Bouchir agissant pour le compte du Gouvernement des Indes. A cet effet le Directeur général des douanes de Bouchir verse entre les mains du Résident britannique les fonds nécessaires, sur le vu d'une ordonnance délivrée à Téhéran.

Les médecins touchent aussi en général une indemnité de vingt tomans (90 à 100 francs par mois) qu'ils reçoivent directement de la Douane, pour les soins donnés par eux aux employés de cette administration. Plusieurs jouissent également d'avantages en nature, logement, entretien d'un ou plusieurs chevaux, etc.

Les traitements du petit personnel, ferraches, gardes sanitaires, gardiens des bâtiments d'isolement, etc., sont payés par la Douane.

Les frais occasionnés par le service, entretien des bâtiments, location de bateaux, achat de désinfectants (?), de médicaments, d'objets divers, sont réglés chaque mois par la Douane sur la production d'un mémoire présenté par le médecin du port. La Douane se réserve le droit de contrôler ces dépenses.

Quant aux frais auxquels peut donner lieu le service de la santé sur la côte ottomane, ils sont à la charge du Gouvernement des Indes, mais ils semblent se limiter au traitement des médecins de Mascate et de Bahrein pour lesquels cette fonction sanitaire est accessoire.

E. — Service sanitaire a Bassorah

Il est assuré par deux médecins dépendant du Conseil supérieur de santé de Constantinople. L'un est chef de service et réside à l'office sanitaire, l'autre à la station sanitaire où sont placés les passagers en observation

L'office sanitaire est situé sur la rive droite du Chat-el-Arab, en aval de Bassorah, à proximité des agences de navigation et du consulat d'Angleterre.

La station sanitaire est située sur la rive gauche du fleuve, en un point relativement isolé (1). Elle se compose d'un certain

---

(1) Il existe deux maisons appartenant à des particuliers, l'une en amont, l'autre en aval de la station sanitaire.

nombre de bâtiments sommaires, sans étage, couverts de nattes, disposés sans ordre et divisés en trois sections de façon à rendre possibles des quarantaines simultanées. Aux passagers de première classe est réservé un pavillon spécial qui, par comparaison avec les autres, semble presque confortable.

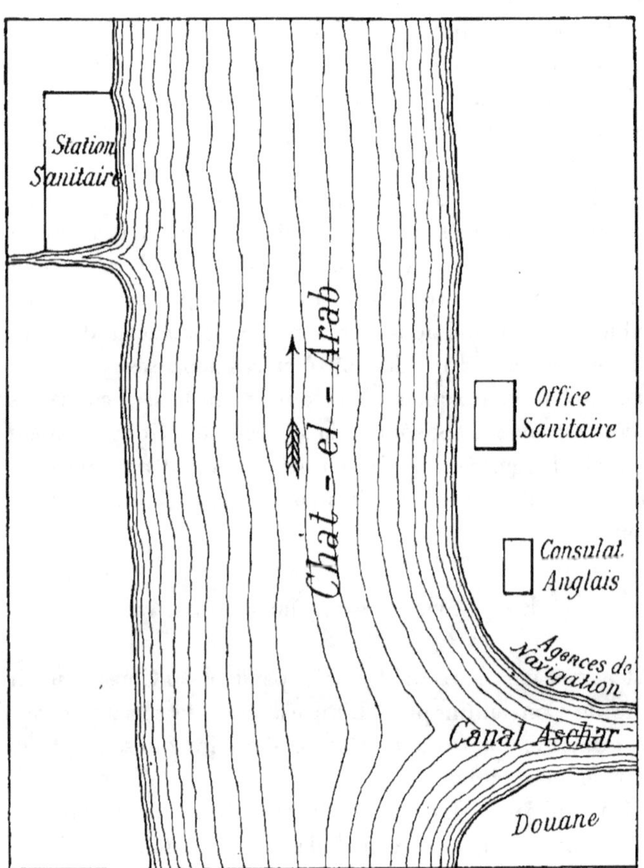

LOCAUX SANITAIRES A BASSORAH

Mais, comme dans les stations sanitaires du Golfe Persique, les passagers doivent pourvoir eux-mêmes à leur nourriture et ils éprouvent à cet égard les plus grandes difficultés(1).

Dans un pavillon en mauvais état et disposé d'une manière défectueuse, se trouve une étuve à désinfection Geneste et Herscher qui, avec un ou deux pulvérisateurs, constitue l'outillage sanitaire.

Il n'y a ni hôpital, ni infirmerie; s'il y a des malades on les soigne comme l'on peut.

Les passagers qui séjournent à la station sanitaire sont pour la plupart des pèlerins qui viennent de Bombay, Kuratchee et des ports du Golfe et se rendent à Kerbela et à Nedjef. Ils font une quarantaine de cinq jours à laquelle ne seraient sans doute pas soumis ceux qui proviennent du Golfe s'ils empruntaient d'autres moyens de transport que les bateaux de la Bristish India. Aussi quelques-uns tournent-ils la difficulté en s'arrêtant à Mohammerah, d'où ils remontent à Bassorah en belem (2).

Pendant les quatre premières années de l'épidémie de peste de Bombay, l'administration sanitaire ottomane repoussait ces pèlerins. Au commencement de 1901, le Conseil supérieur de santé de Constantinople décida que les navires arrivant des Indes pourraient débarquer à Bassorah 5 pèlerins par 100 tonnes de jauge. Ces voyageurs transportent avec eux de nombreux bagages renfermant surtout des provisions. Parmi eux il y a des marchands emportant d'énormes caisses et des objets volumineux. Tous ces colis sont examinés et sont, sous couleur de désinfection, l'objet d'une manipulation quelconque.

Les passagers eux-mêmes subissent la désinfection de leurs effets. Pendant cette opération on les fait entrer, hommes et femmes, dans deux salles situées de chaque côté du local où se trouve l'étuve et on leur prête un vêtement. L'installation de ces salles laisse beaucoup à désirer.

C'est à la station de quarantaine que les passagers acquittent les

---

(1) Dans une lettre à M. le ministre des affaires étrangères en date du 8 juin 1901, M. Dorville, vice-consul de France à Mossoul, qui avait séjourné au lazaret, en faisait connaître les défectuosités. «On est obligé, écrivait-il, de pourvoir soi-même aux plus petits détails. L'eau filtrée manque absolument et on doit aller chercher l'eau potable au bord du fleuve où des centaines de personnes l'ont au préalable souillée de leurs lavages et de leurs ablutions».

(2) Petit canot à voile et à rames.

droits sanitaires dont les pauvres sont exonérés. Cette perception est faite par les agents de la santé. Le médecin-chef prélève sur le produit de ces droits le montant des frais ordinaires du service (traitement des médecins et des employés, désinfectants, charbon, etc.), et verse le surplus dans la caisse du Conseil supérieur de santé de Constantinople. Les dépenses exceptionnelles doivent être de la part de ce conseil l'objet d'une autorisation et d'une ouverture de crédit.

Les médecins ont chacun un «belem» à leur disposition, mais il n'y a pas de canot à vapeur pour les besoins du service.

<h3 style="text-align:center">F.—Appréciation du service sanitaire</h3>

Telle est, dans ses grande lignes, l'organisation du service de la santé dans le Golfe Persique, le golfe d'Oman. à Mohammerah et à Bassorah. Pour en apprécier la valeur, il convient de considérer: le personnel médical chargé de l'assurer. les moyens matériels dont ce personnel dispose et, en ce qui concerne spécialement le Golfe, les conditions dans lesquelles ce service semble avoir été créé.

Nous avons vu que le personnel médical relève exclusivement du Gouvernement des Indes (il ne s'agit pas de Bassorah) et comprend deux éléments: les docteurs anglais, officiers de l'« Indian medical service » et les médecins anglo-indiens. Les premiers offrent au point de vue du savoir toutes les garanties désirables, mais ils ne sont pas spécialisés, ce qui est regrettable dans une fonction où la connaissance des questions de police sanitaire maritime est partout considérée comme nécessaire. Il n'y a d'ailleurs des docteurs anglais qu'à Mascate et à Bouchir, et ces docteurs ont, en dehors de ce service, d'autres occupations. C'est ainsi que le médecin de Bouchir, qui en est le chef, est obligé de se décharger habituellement sur son assistant anglo-indien du soin de la visite des navires et de la surveillance de la station sanitaire, c'est-à-dire des seules mesures effectives.

Quant aux médecins anglo-indiens auxquels est confiée en fait la police sanitaire, il ne nous a pas été donné d'apprécier par nous-même leur valeur professionnelle; quelques-uns seraient capables de remplir très convenablement leurs fonctions. Le personnel médical est en tous cas insuffisant au point de vue numérique: ainsi il n'y a pas de médecin à Debay, sur la côte arabique, où les paquebots de la British India font régulièrement escale.

Bien plus insuffisantes encore sont les installations matérielles. On a pu se convaincre par la description que nous en avons donnée que l'on ne peut rien faire de sérieux avec de telles ressources. Que se produisent des cas douteux ou confirmés de choléra ou de peste: comment isolera-t-on les malades dans ces locaux ouverts à tout venant? Comment les soignera-t-on? Quelles mesures de désinfection pourra-t-on prendre à l'égard de leurs effets, de leur literie, des objets qui leur auront servi, des effets des autres passagers? Comment traitera-t-on le navire lui-même? Ces stations sanitaires ne sauraient inspirer aucune confiance.

Le service, tel qu'il est actuellement organisé, se borne donc, sur la côte arabique du Golfe, à un vague contrôle de l'état sanitaire des navires, suivi de la délivrance de certificats, et à une surveillance trop incomplète (1) des personnes qui s'embarquent. Sur la côte persane, relativement mieux protégée, s'ajoute à ce contrôle la mise en observation des passagers débarqués.

En instituant l'organisation que nous avons exposée, les Anglais semblent s'être inspirés de trois considérations : dégager leur responsabilité par le concours qu'ils apportent à la défense des rives persanes et arabiques contre les épidémies dont l'Inde est le foyer ; faciliter leur commerce en donnant à la Perse et à la Turquie les garanties qu'avec ces pays l'Europe réclame ; augmenter leur influence et leur autorité en confiant à leurs nationaux ou à leurs ressortissants l'application des mesures sanitaires ; mais cette œuvre est insuffisante et c'est pourquoi il importerait que l'action combinée des Puissances intéressées vînt se substituer à l'action incomplète d'une seule.

(1) Voir rapport du Dr Bussière, p. 97.

CHAPITRE III

Dispositions arrêtées par les conférences sanitaires internationales en vue d'assurer la protection du Golfe Persique.

C'est à la conférence tenue à Venise en 1892 que l'utilité de la défense sanitaire du Golfe Persique fut signalée pour la première fois par M. le Prof^r Proust. Le délégué de France montra le danger de la pénétration du choléra par cette voie et exprima le vœu qu'une entente s'établît entre le Gouvernement ottoman et les Puissances de l'Europe en vue d'instituer un contrôle des navires venant des régions contaminées.

Le vœu fut adopté à l'unanimité dans la séance du 26 janvier 1892.

L'année suivante, à Dresde, le premier délégué de France, M. Barrère, rappela l'accueil fait à la proposition de M. Proust en ajoutant que le Gouvernement français était disposé à prendre l'initiative d'une conférence nouvelle dans laquelle seraient étudiés, en même temps que la prophylaxie du pèlerinage de La Mecque, les moyens d'assurer la défense sanitaire du Golfe Persique.

Cette conférence se réunit à Paris en 1894. Dans un rapport-programme, M. le Prof^r Proust exposa qu'il y avait lieu d'établir sur le littoral du Golfe une surveillance sérieuse, de préciser les autorités chargées d'appliquer les mesures et de désigner les points où devraient être installés les postes sanitaires. En même temps qu'il indiquait lui-même les principaux de ces points, M. Proust appelait l'attention sur le facteur nouveau de propagation des germes épidémiques résultant de l'établissement des chemins de fer de la Syrie et de la Mésopotamie (ligne de Beyrouth à Damas et à Mzérib ; ligne de Damas à Alep et à Biredjik.)

Une commission spéciale fut chargée de l'étude de ces questions : elle reçut communication du rapport lu au Conseil supérieur de santé de Constantinople le 12/24 octobre 1893 à la suite de l'envoi à Bassorah et dans la région du Chat-el-Arab d'une mission technique, ainsi que d'une lettre adressée à ce conseil par le grand-vizir le 22 janvier 1894. Le rapport concluait à la création au Fao d'un lazaret installé sur quatre chalands ; le teskéré grand-viziriel se prononçait en faveur de l'installation au même point de baraquements en nombre suffisant et de l'organisation d'un poste d'observation sur une des deux îles Selahyé ou Yilanié, près de Bassorah. Le conseil supérieur de santé de Constantinople, qui. avait été également saisi d'une troisième proposition tendant à l'édification d'un lazaret à Bassorah, estima que cet établissement devait être placé au Fao et constitué par des constructions légères.

Tel fut aussi l'avis de la Conférence qui, après une discussion approfondie, décida que les points sur lesquels devraient être installés les lazarets ou postes sanitaires destinés à assurer la protection du Golfe Persique seraient les suivants :

1° à Fao ou à proximité de ce point : lazaret sur terre ferme ;

2° sur l'une des deux îles Selahyé ou Yilanié situées en face de Bassorah, poste sanitaire ;

3° à Bassorah : poste sanitaire ;

4° à Koveit : poste sanitaire ;

5° à Menama, dans l'île Bahrein : poste sanitaire ;

6° à Bender-Abbas : poste sanitaire ;

7° à Bender-Bouchir : poste sanitaire ;

8° à Mohammerah : lazaret spécial ou poste sanitaire ;

9° à Mascate : poste sanitaire ;

10° à Gwadar, au sud du Bélouchistan : poste sanitaire.

Cependant cette décision de la Conférence donna lieu, de la part de la Délégation britannique, à une protestation basée sur les motifs ci-après : inutilité des quarantaines d'observation dans le Golfe ; difficultés pour les gouvernements intéressés d'exercer un contrôle sur les postes sanitaires qui seraient dirigés d'une manière différente « avec le seul trait commun de constituer une entrave au commerce » ; charges nouvelles pour celui-ci et en particulier pour les bâtiments anglais et anglo-indiens lesquels représentent plus de 98 p. 100 du mouvement maritime ; inconvénients d'un stationnement au Fao qui entraînerait pour les navires une inactivité se chiffrant par une dépense de 1.250 à 1.500 francs par jour, inconvénients que l'on pourrait éviter en « accordant la libre pratique à Mohammerah et à Bassorah comme premiers ports » et en faisant de tous deux des « stations sanitaires réciproques », c'est-à-dire dans lesquelles les mesures seraient indifféremment prises (1).

A ces observations M. Proust répondit que la surveillance sanitaire dans le Golfe se justifiait par l'importation déjà constatée du choléra en Mésopotamie.

Quelle ne serait pas d'ailleurs, ajoutait-il, la responsabilité de la Conférence si elle déclarait qu'en vue de protéger les intérêts commerciaux, elle croit devoir s'abstenir de soumettre les navires à une surveillance rigoureuse dans ces parages ?

Quant à la préférence donnée au Fao sur Bassorah, elle se justifiait par ce fait que « Bassorah avait paru trop éloigné de la mer et qu'il était indispensable que la surveillance fût exercée avant de pénétrer dans le Chat-el-Arab ».

Il convient de signaler aussi, bien qu'elle n'ait pas été prise en considération, une proposition de M. le Dr Shakespeare, délégué des États-Unis, qui semble avoir été l'idée première des dispositions ultérieurement adoptées par les conférences de 1897 et de 1903 pour assurer la défense sanitaire du Golfe Persique. M. Shakespeare demandait la création au ras Musandam, dans un îlot situé à l'entrée du Golfe, d'une station sanitaire placée sous le contrôle international. Cette proposition, combattue par MM. les Drs Hagel et Thorne Thorne et mal défendue par son auteur qui ne possédait aucun renseignement sur la région indiquée, ne fut pas adoptée mais reproduite seulement à titre de vœu dans les procès-verbaux.

En ce qui concernait les mesures applicables aux navires, la Conférence se prononça pour les dispositions arrêtées à Dresde. Il fut décidé toutefois que les passagers des navires « suspects » et « indemnes », au lieu d'être, après leur débarquement, l'objet d'une simple surveillance, seraient retenus en observation pendant le temps nécessaire pour compléter cinq jours depuis le départ du port contaminé.

---

(1) La Convention de Paris a été ratifiée en 1897 par l'Angleterre sous la réserve que les stipulations relatives au Golfe Persique ne seraient pas applicables aux Gouvernements britannique et indien ni aux navires britanniques ou indiens.

La Conférence se préoccupa aussi de doter les stations sanitaires d'un personnel satisfaisant.

Il sera créé, disposait l'article 2 de l'annexe 4, un corps de médecins diplômés et compétents, de désinfecteurs et mécaniciens bien exercés et de gardes sanitaires recrutés parmi les personnes ayant fait le service militaire comme officiers ou sous-officiers.

Enfin la Conférence a eu à déterminer l'autorité sanitaire chargée d'appliquer les mesures dans le Golfe et les conditions dans lesquelles seraient réglés les frais résultant du régime établi.

Sur le premier point, M. le comte de Kuefstein, délégué d'Autriche-Hongrie, exprima l'idée de placer les stations sanitaires de Perse sous le contrôle du Conseil de santé existant (alors virtuellement) à Téhéran, lequel recevrait, avec des attributions étendues, la mission d'assurer la protection du territoire persan, non seulement à l'égard des provenances maritimes mais aussi des provenances empruntant la voie de terre.

Cette opinion, combattue par MM. de Giers, Pagliani, Phlipps, Proust et Thorne Thorne, délégués de Russie, d'Italie, d'Angleterre et de France, ne prévalut pas et la Conférence estima que les stations sanitaires, tant persanes qu'ottomanes, devaient être soumises à l'autorité du Conseil supérieur de santé de Constantinople.

Cependant, fit observer M. le président Barrère, tout le monde a compris qu'il est inévitable de tenir compte de la différence existant entre la doctrine essentiellement quarantenaire qui domine actuellement dans ce conseil et les principes beaucoup plus libéraux qui ont été affirmés dans les Conventions de Venise et de Dresde. C'est sur ces principes que sont basés les règlements élaborés au cours de la présente conférence. Il semble donc que l'autorité appelée à en diriger l'exécution doive s'inspirer du même esprit. Pour obtenir ce résultat sans porter la moindre atteinte ni à la constitution, ni à la composition actuelle du Conseil de santé de Constantinople, le sentiment général est qu'on pourrait remettre l'application des dispositions nouvelles à un comité du Conseil composé de membres pris dans son sein et constituant une sorte d'émanation et d'organe de ce conseil.

La Conférence, se rangeant à cet avis, adopta le texte suivant qui forme l'article premier de l'annexe IV :

La mise en pratique et la surveillance des mesures concernant les pèlerinages arrêtées par la présente convention sont confiées, dans l'étendue de la compétence du Conseil supérieur de santé de Constantinople, à un comité pris dans le sein de ce conseil. Ce comité est composé de trois des représentants de la

Turquie dans ce conseil et de ceux des Puissances qui ont adhéré ou qui adhèreront aux Conventions sanitaires de Venise, de Dresde ou de Paris. La présidence du comité est déférée à l'un de ses membres ottomans. En cas de partage des voix, le président a voix prépondérante.

La question du règlement des dépenses résultant des mesures sanitaires était, ainsi que l'avait fait observer M. le président Barrère, intimement liée à la précédente. La Conférence décida que les frais devaient être réglés par le Conseil supérieur de santé de Constantinople.

Il y a lieu, dit l'article 3 de l'annexe IV, de maintenir l'état actuel au point de vue de la répartition des frais entre le Gouvernement ottoman et le Conseil supérieur de santé de Constantinople, répartition qui a été fixée à la suite d'une entente entre le Gouvernement ottoman et les Puissances représentées dans ce conseil.

Ces frais furent évalués de la façon suivante :

1° DÉPENSES DE PREMIER ÉTABLISSEMENT

	francs.
A la charge du Gouvernement	112.000
A la charge du Conseil supérieur de santé	138.000
Total	250.000

2° DÉPENSES DE FONCTIONNEMENT DES SERVICES

A la charge du Conseil supérieur de santé	114.000

La conférence qui se réunit à Venise en 1897 reprit la question de la défense du Golfe Persique à laquelle l'apparition récente de la peste aux Indes ajoutait un nouvel intérêt.

Le texte de 1894 concernant les mesures applicables aux navires fut conservé avec de légères modifications.

Il n'en fut pas de même des dispositions relatives aux établissements sanitaires. Alors que la conférence précédente avait préconisé la création de postes sanitaires dans les principaux ports du Golfe et d'un lazaret au Fao, celle de 1897 adopta, sur la proposition de la Délégation française, un autre système.

Deux établissements sanitaires seulement seront organisés, l'un à l'entrée du Golfe, au détroit d'Ormuz, île d'Ormuz, île de Kishm ou, à leur défaut, dans une localité à fixer dans leur voisinage; l'autre aux environs de Bassorah dans un lieu à déterminer (1).

Il y aura à la station sanitaire du détroit d'Ormuz deux médecins au moins des agents sanitaires, des gardes sanitaires et tout un outillage de désinfection. Un petit hôpital y sera construit.

A la station des environs de Bassorah seront construits un grand lazaret et des installations pour la désinfection des marchandises, comportant un service médical composé de plusieurs médecins.

Les navires, avant de pénétrer dans le Golfe Persique, seront arraisonnés à l'établissement sanitaire du détroit d'Ormuz. Ils y subiront le régime sanitaire prescrit par le règlement. S'ils ont des malades atteints de peste à bord, ils les débarqueront.

Toutefois, les navires qui doivent remonter le Chat-el-Arab seront autorisés, si la durée de l'observation n'est pas terminée, à continuer leur route, à la condition de passer le Golfe Persique et le Chat-el-Arab en quarantaine. Un gardien-chef, deux gardes sanitaires pris à Ormuz surveilleront le bateau jusqu'à Bassorah, où une seconde visite médicale sera pratiquée et où se feront les désinfections nécessaires.

Les bateaux qui doivent toucher aux ports de la Perse pour y débarquer des passagers ou des marchandises pourront faire ces opérations à Bender-Bouchir lorsqu'une installation sanitaire convenable y aura été établie; jusque-là, ces opérations seront pratiquées à Ormuz ou à Bassorah.

Il est bien entendu qu'un navire qui reste indemne à l'expiration des dix jours à compter de la date à laquelle il a quitté le dernier port contaminé de peste, recevra la libre pratique dans les ports du Golfe après constatation, à l'arrivée, de son état indemne.

. . . .

En attendant que les Gouvernements ottoman et persan aient établi une entente, il sera organisé d'urgence dans une des îles du détroit d'Ormuz un poste sanitaire dans lequel seront placés, par les soins du Conseil sanitaire, des médecins et gardes sanitaires. Ces derniers accompagneront les navires passant en quarantaine jusque dans le Chat-el-Arab, dans l'établissement placé aux environs de Bassorah.

Ainsi le système de défense du Golfe Persique adopté par la Convention de Venise différait totalement de celui qu'avait ratifié la Convention de Paris. La Délégation française qui l'avait proposé (2), ainsi que la commission chargée d'étudier «les mesures de prophylaxie hors d'Europe» avaient, suivant les termes du rapport de M. le Dr Santoliquido, «jugé du plus haut intérêt de protéger le

---

(1) Le délégué de Perse, M. le Dr PANAYOTE BEY, proposa de placer la station d'entrée à Jask. dans le golfe d'Oman «point indiqué jadis, ajoutait-il, par le Conseil sanitaire de Téhéran ».

(2) Il est probable que cette proposition a été inspirée par le rapport de M. le Dr CAMPO-SAMPIÉTRO, délégué sanitaire ottoman, qui avait été chargé de rechercher l'emplacement le plus favorable à l'établissement d'un lazaret dans le Golfe Persique (voir pages 73 et 95).

Golfe Persique *de la même manière que la mer Rouge*, d'autant que les conditions sont presque analogues dans l'une et l'autre mer ».

Il est évident, écrivait encore le rapporteur, que le passage en quarantaine du Golfe Persique, *comme il a déjà été établi pour le canal de Suez*, doit être utile au commerce.

Il ajoutait :

Il est à désirer que dans tous les principaux ports d'arrivée (du Golfe) il soit possible d'exercer la surveillance. Tant que cela ne sera pas possible, il sera nécessaire de s'appuyer exclusivement sur les deux stations sus-indiquées. C'est pourquoi on propose que les navires à patente brute ne touchent les ports persans qu'après avoir touché Bassorah et cela jusqu'à ce qu'il y ait le moyen d'accomplir dans les mêmes ports persans les mesures de police sanitaire.

Cette idée importante de doter les principaux ports du Golfe Persique de moyens de défense propres, nous avons le regret de ne la rencontrer que dans le rapport de M. Santoliquido. Sans doute elle se sera fait jour au sein de la Commission, mais nous n'en avons pas trouvé trace dans les procès-verbaux, sauf en ce qui concerne Koveit.

M. le Prof^r Foa, délégué d'Italie, fit observer que ce port entretenait des rapports commerciaux actifs avec les Indes et la côte orientale de l'Afrique.

On avait proposé, dit-il, dans la Conférence de Paris de créer un poste sanitaire à Koveit, mais cette proposition n'a pas été renouvelée dans cette conférence.

Ce ne serait pas assez, ajoutait plus loin M. Foa, d'avoir établi la station d'Ormuz, car les bateaux qui se rendent à Koveit passent tout près de la côte arabique qui est loin d'Ormuz, même dans les points où le Golfe est le plus étroit, au moins d'une vingtaine de milles en mer. C'est pourquoi je proposerais, si l'on ne croit pas possible d'installer à Koveit un poste sanitaire vraiment digne de ce nom, qu'un service de surveillance soit établi à l'entrée et à la sortie du Golfe Persique jusqu'à la côte arabique et que les bateaux provenant des lieux infectés soient obligés de se soumettre à Ormuz au régime sanitaire des autres navires.

M. Cozzonis, délégué de Turquie, ayant affirmé que son gouvernement ferait tous ses efforts pour assurer la surveillance du détroit d'Ormuz, laquelle était d'ailleurs « déjà très activement exercée », la Conférence jugea cette promesse et cette assertion suffisantes (1).

---

(1) M. Yoxine, délégué de Russie, a d'autre part exprimé le regret que la Confé-

Il semble donc bien que la Conférence n'ait entendu assurer la protection du Golfe Persique que par les seuls établissements d'Ormuz et de Bassorah, système entièrement différent de celui qui avait été préconisé en 1894. Nous insistons sur ce point parce qu'il nous paraît avoir une grande importance, ainsi que nous nous efforcerons de le démontrer au chapitre V.

En ce qui concerne la désignation de l'autorité sanitaire chargée de l'application des mesures, la Conférence de 1897 ne s'est pas sensiblement écartée des dispositions adoptées par sa devancière.

Elle a décidé, écrivait M. l'Ambassadeur Barrère dans son rapport sur les travaux de la Commission des voies et moyens, que la surveillance et l'exécution des mesures contre la peste seraient confiées au comité prévu par l'article 1er de l'annexe IV de la Convention de Paris, comité choisi dans le sein du Conseil sanitaire de Constantinople dont il est l'émanation directe. Toutefois, à la demande de la Délégation ottomane, il a été stipulé que les membres du comité seraient pris *exclusivement* dans le Conseil et l'on a généralement admis que le texte de l'article en question de la Convention de Paris ne comportait pas d'autre interprétation.

Votre commission, ajoutait M. Barrère, a adopté aussi l'article 2 de la même annexe concernant la création d'un personnel compétent pour les établissements sanitaires dans la mer Rouge et le Golfe Persique, tout en comprenant que cette création se confondrait avec celle prévue par la Convention de Paris.

Mais elle a innové sur les dispositions de cet instrument en précisant les moyens financiers par lesquels serait défrayé l'établissement des postes et stations sanitaires prévus, aussi bien pour l'exécution de la Convention concernant la peste que pour celle de la Convention de Paris. Il a été stipulé que le Conseil supérieur de santé de Constantinople ferait, si besoin était, l'avance des sommes nécessaires au Gouvernement ottoman, mais qu'il devrait dans ce cas veiller lui-même à la construction des établissements sanitaires jugés nécessaires.

Aux dispositions que nous venons d'exposer, la Délégation britannique fit encore une réserve lors de la signature de la Convention.

---

rence « n'ait pas pensé qu'après Ormuz et Bassorah, il y avait à défendre la frontière entre la Turquie et la Perse. La maladie, ajoutait-il, est apportée d'ordinaire par des pèlerins qui viennent de Perse, soit par le cabotage du Golfe Persique, soit par la voie de terre. Or, pour préserver la Mésopotamie, les établissements prévus dans le Golfe Persique ne seraient pas suffisants; il faut en continuer la série le long de la frontière turco-persane jusqu'à Bayazid, en Arménie ».

Pour donner satisfaction au desideratum exprimé par M. Yoxine, la Conférence adopta la résolution suivante : « Le Conseil supérieur de santé de Constantinople devra organiser sans délai les établissements sanitaires de Hanekine et de Kizil Dizé près de Bayazid sur les frontières turco-persane et turco-russe au moyen des fonds qui sont dès maintenant mis à sa disposition ».

Il est entendu, dit-elle, que le règlement du Golfe Persique ne s'appliquera aux provenances des ports indiens que lorsque ceux-ci seront contaminés de peste.

La conférence qui se réunit à Paris en 1903 se trouva en présence du programme toujours inexécuté de 1897. Elle l'adopta avec de légères modifications de fond et de forme. A la commission des voies et moyens devant laquelle la question fut portée, un des délégués de la Perse, Émir Khan, exposa les progrès réalisés par ce pays au point de vue de ses moyens de défense sanitaire et en particulier de la formation du corps médical.

Nous n'avions pas dans le Golfe Persique, dit-il en terminant, le personnel et les moyens capables d'assurer le service comme nous le voulions. Nous manquions de médecins régulièrement diplômés et instruits. Aussi, dans les cas urgents, acceptions-nous l'aide que voulaient bien nous prêter les Puissances amies. Mais, à l'heure actuelle, la situation est complètement changée. Comme j'ai eu l'honneur de vous le dire, nous possédons en ce moment tout ce qu'il nous faut pour assurer la défense sanitaire de notre pays en général et de nos ports du Golfe Persique en particulier.

Après ces déclarations, que nous ne pouvons nous empêcher de croire bien optimistes, un autre délégué de Perse, M. le Dr Panayote Bey, rappela :

Que son gouvernement avait accepté le principe de la construction d'un grand lazaret à Ormuz et avait ratifié la Convention de Venise sous cette réserve que le pavillon persan flotterait sur le lazaret, et que les gardes armés préposés à l'observation des mesures sanitaires seraient persans. Aujourd'hui encore, ajouta M. Panayote Bey, le Gouvernement de S. M. I. le Shah est dans les mêmes dispositions. Mais la construction du lazaret d'Ormuz devant être considérée comme le complément naturel de la défense sanitaire de la Turquie, il appartient à la Sublime Porte d'en supporter les frais.

Le président, M. Barrère, fit observer :

Que la question du drapeau qui devra flotter sur Ormuz était déjà résolue puisque la Perse avait mis comme condition à sa ratification de la Convention de 1897 que ce serait le drapeau persan. « En effet, ajouta M. Barrère, le 31 octobre 1899, la ratification de S. M. le Shah de Perse a été déposée avec la déclaration que tous les gouvernements signataires et ratifiants avaient préalablement admise, à savoir : qu'il demeure entendu que le pavillon qui flottera sur la station sanitaire d'Ormuz sera le pavillon persan et que les gardes armés qui seraient nécessaires pour assurer l'observation des mesures sanitaires seront fournis par le Gouvernement persan.

La même convention a déclaré que le Conseil de santé de Constantinople devait pourvoir aux frais.

La Conférence n'a donc qu'à décider si elle veut ou non que les décisions de la Conférence de 1897 soient fidèlement exécutées.

C'est dans le sens de l'affirmative que la Conférence se prononça, après avoir précisé la question du personnel médical d'Ormuz et déterminé les conditions dans lesquelles seraient réglées les dépenses devant résulter de l'établissement d'une station sanitaire dans cette île.

Il semble, avait objecté M. le Dr Clemow, délégué de la Grande-Bretagne, que la Délégation de Perse ait ajouté quelques conditions à celles qui sont stipulées dans l'accord de Venise au sujet d'Ormuz, en indiquant que non seulement les gardes armés et le pavillon, mais encore les gardes sanitaires et les médecins seront persans.

M. de Cazotte, délégué de France, fit observer que les indications données à la Conférence par Émir Khan au sujet des progrès réalisés dans la formation du corps médical en Perse ne pouvaient se référer qu'aux établissements sanitaires du littoral persan du Golfe Persique. En effet, en ce qui concerne la station sanitaire d'Ormuz, le procès-verbal de dépôt des ratifications porte seulement les deux conditions rappelées par M. le président concernant le pavillon et les gardes armés. Quant au personnel médical, il sera évidemment international puisqu'il sera choisi par le Conseil de santé de Contantinople.

Sur le désir exprimé par M. de Bunsen, premier délégué de la Grande-Bretagne, Émir Khan confirma l'interprétation donnée à ses paroles par M. de Cazotte.

La question du règlement des dépenses devant résulter de l'établissement de la station d'Ormuz donna lieu à l'observation suivante de la part de M. le Dr Karacanovsky, délégué de Russie :

D'après les conventions entre les Puissances et la Porte, le Gouvernement ottoman doit construire dans ses ports les lazarets quarantenaires qui seront dirigés et entretenus par le Conseil; mais celui-ci n'a pas le droit d'effectuer des dépenses pour un port étranger. La Conférence pourrait prendre une décision pour autoriser la Commission mixte de revision des tarifs à laisser le Conseil construire les lazarets dont il s'agit sur les fonds de réserve.

M. le Dr Mally, délégué d'Autriche-Hongrie, expliqua alors que le Conseil supérieur de santé de Constantinople possédait trois caisses distinctes : 1° une caisse des retraites appartenant au personnel ; 2° une caisse sanitaire alimentée par les taxes sanitaires imposées aux navires et dont les fonds ne peuvent être employés que pour le paiement des frais ordinaires du service ; 3° une caisse quarantenaire, riche autrefois, aujourd'hui en déficit par le fait de la diminution des quarantaines et des dépenses occasionnées par les améliorations des divers lazarets ottomans.

Alors, ajouta M. le Dr Mally, que la caisse sanitaire renferme six millions intangibles, il manque 3.257.000 piastres, soit 700.000 francs environ à la caisse quarantenaire. Est-il possible d'utiliser les six millions de réserve? Non, car il faudrait que l'autorisation en fût accordée au Conseil de Constantinople par la Commission mixte de revision des tarifs sanitaires et cette commission ne s'est pas réunie depuis 1896, date de la clôture d'une session qui n'avait pas duré moins de huit ans et dont les décisions n'ont pas encore été ratifiées ni par les gouvernements intéressés, ni par la Sublime Porte. Dans ces conditions il semblerait nécessaire que la Conférence émît le vœu que le Gouvernement ottoman provoquât la réunion de la Commission mixte afin qu'elle autorisât le Conseil à disposer des excédents de la caisse sanitaire. C'est la seule solution pratique.

L'avis de MM. Karakanovsky et Mally fut partagé par la Conférence qui adopta le texte ci-après :

Les frais de construction et d'entretien de la station sanitaire d'Ormuz sont mis à la charge du Conseil supérieur de santé de Constantinople. La commission mixte de revision du dit conseil devra se réunir le plus tôt possible pour lui fournir, sur sa demande, les ressources nécessaires prises sur les réserves disponibles.

Toutefois la Délégation britannique accepta cette rédaction sous la double condition que la Commission mixte ne serait autorisée à statuer sur la provenance des fonds pour la construction de la dite station qu'avec l'assentiment de tous ses menbres, et qu'on ne procéderait à l'établissement de cette station qu'après la réorganisation du Conseil supérieur de santé de Constantinople.

Les dispositions adoptées pour la protection du Golfe Persique (indépendamment de celles que nous venons de rappeler) furent donc les suivantes :

Art. 79. — Les navires, avant de pénétrer dans le Golfe Persique, sont arraisonnés à l'établissement sanitaire de l'île d'Ormuz. Ils sont, d'après l'état sanitaire du bord et d'après leur provenance, soumis au régime prévu par la section III du chapitre II du titre I.

Toutefois, les navires qui doivent remonter le Chat-el-Arab seront autorisés, si la durée de l'observation n'est pas terminée, à continuer leur route, à la condition de passer le Golfe Persique et le Chat-el-Arab en quarantaine. Un gardien-chef et deux gardes sanitaires pris à Ormuz surveilleront le bateau jusqu'à Bassorah, où une seconde visite médicale sera pratiquée et où se feront les désinfections nécessaires.

En attendant que la station sanitaire d'Ormuz soit organisée, ce seront des gardes sanitaires pris dans le poste provisoire établi en vertu de l'article 82 ci-après, alinéa 2, qui accompagneront les navires passant en quarantaine jusque dans le Chat-el-Arab, dans l'établissement placé aux environs de Bassorah. Les bateaux qui doivent toucher aux ports de la Perse pour y débarquer des passagers ou des marchandises pourront faire ces opérations à Bender-Bouchir. Il est bien entendu qu'un navire qui reste indemne à l'expiration des cinq jours à compter de la date à laquelle il a quitté le dernier port contaminé de peste ou de choléra, recevra la libre pratique dans les ports du Golfe après constatation, à l'arrivée, de son état indemne.

Art. 80. -- Les articles 20 à 28 de la présente convention sont applicables, en ce qui concerne la classification des navires ainsi que le régime à leur faire subir dans le Golfe Persique, sous les trois réserves suivantes :

1° La surveillance des passagers et de l'équipage sera toujours remplacée par une observation de même durée ;

2° Les navires indemnes ne pourront y recevoir la libre pratique qu'à la condition d'avoir complété cinq jours pleins à partir du moment de leur départ du dernier port contaminé ;

3° En ce qui concerne les navires suspects, le délai de cinq jours pour l'observation de l'équipage et des passagers comptera à partir du moment où il n'existe plus de cas de peste ou de choléra à bord.

Art. 81. — Des établissements sanitaires doivent être construits sous la direction du Conseil de santé de Constantinople et à ses frais, l'un à l'île d'Ormuz, l'autre aux environs de Bassorah, dans un lieu à déterminer.

Il y aura à la station sanitaire de l'île d'Ormuz deux médecins au moins, des agents sanitaires, des gardes sanitaires et tout un outillage de désinfection et de destruction des rats. Un petit hôpital y sera construit.

A la station des environs de Bassorah seront construits un grand lazaret comportant un service médical composé de plusieurs médecins et des installations pour la désinfection des marchandises.

Art. 82. — Le Conseil supérieur de santé de Constantinople, qui a sous sa dépendance l'établissement sanitaire de Bassorah, exercera le même pouvoir en ce qui concerne celui d'Ormuz.

En attendant que l'établissement sanitaire d'Ormuz soit construit, un poste sanitaire y sera établi par les soins du Conseil supérieur de santé de Constantinople.

Le Gouvernement anglais autorisa ses représentants à voter ces dispositions, tout en déclarant par l'organe de son premier délégué, M. de Bunsen, que l'utilité de l'établissement d'Ormuz lui semblait des plus contestables et qu'il n'adhérait à ce projet que pour ne pas se séparer sur cette question des autres Puissances et les accompagner aussi loin que possible sur une route commune.

Telle est, en ce qui concerne la défense sanitaire du Golfe Persique, l'œuvre des Conférences.

CHAPITRE IV

Conditions que présentent les îles d'Ormuz et d'Henjam au point de vue de l'établissement d'une station sanitaire.

L'île d'Ormuz est située à l'entrée du Golfe Persique, en face de Bender-Abbas dont elle est séparée par une distance d'environ 12 milles. Les relations entre l'île et la ville sont très fréquentes.

Vue du mouillage de Bender-Abbas, Ormuz apparaît sous la forme d'une longue ligne de rochers rouges, blancs ou verts, prolongée au nord par une bande de terre à l'extrémité de laquelle s'élève la masse encore imposante d'un vieux fort portugais.

En réalité l'île est ronde ou plus exactement piriforme. Dans sa plus grande partie elle est couverte de montagnes peu élevées, d'aspect aride et de couleurs tranchées d'un caractère très spécial. Les pics blancs qui seraient d'énormes rochers de sel, paraissent vêtus d'un manteau de neige. Ces montagnes sont très intéressantes au point de vue géologique et très riches au point de vue minier (1).

Du côté de l'E. la côte, un peu élevée au-dessus du niveau de la mer, est accidentée et sablonneuse, mais non dépourvue de végétation. Celle-ci devient plus fréquente à mesure qu'on se rapproche du nord de l'île, en même temps que la nature du terrain se modifie favorablement.

Dans la plaine triangulaire que forme la pointe nord, le terrain est assez fertile, ainsi qu'en témoignaient les nombreux petits champs de blé et d'orge dont nous avons pu constater l'existence à la fin

---

(1) Nous avons rapporté de nombreux échantillons qui sont actuellement soumis à l'examen de M. CAYEUX, docteur ès sciences, professeur à l'Institut agronomique.

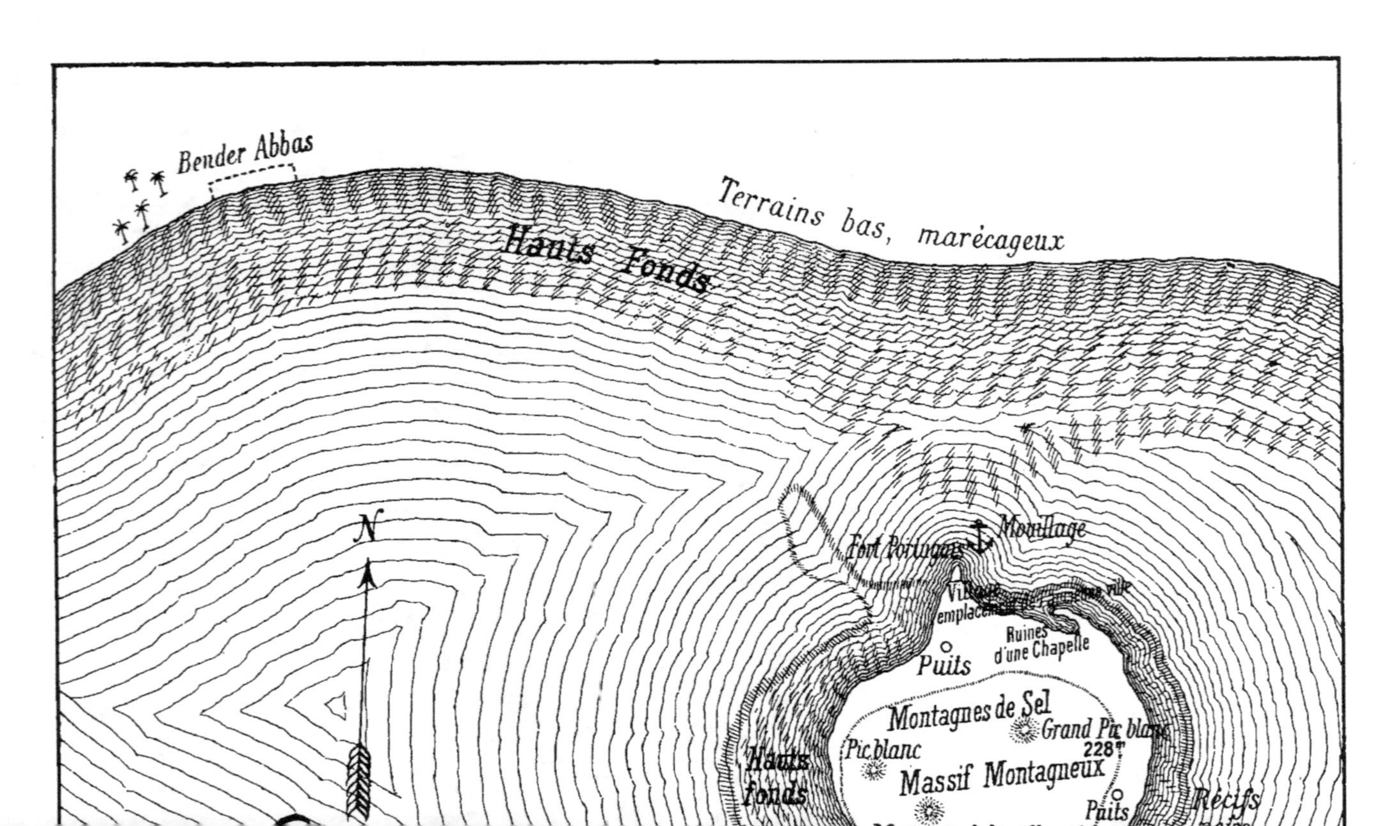

Bender Abbas
Terrains bas, marécageux
Hauts Fonds
N
Fort Portugais
Mouillage
Puits
Ruines d'une Chapelle
Village
emplacement
Montagnes de Sel
Pic blanc
Grand Pic blanc
228m
Hauts Fonds
Massif Montagneux
Puits
Récifs

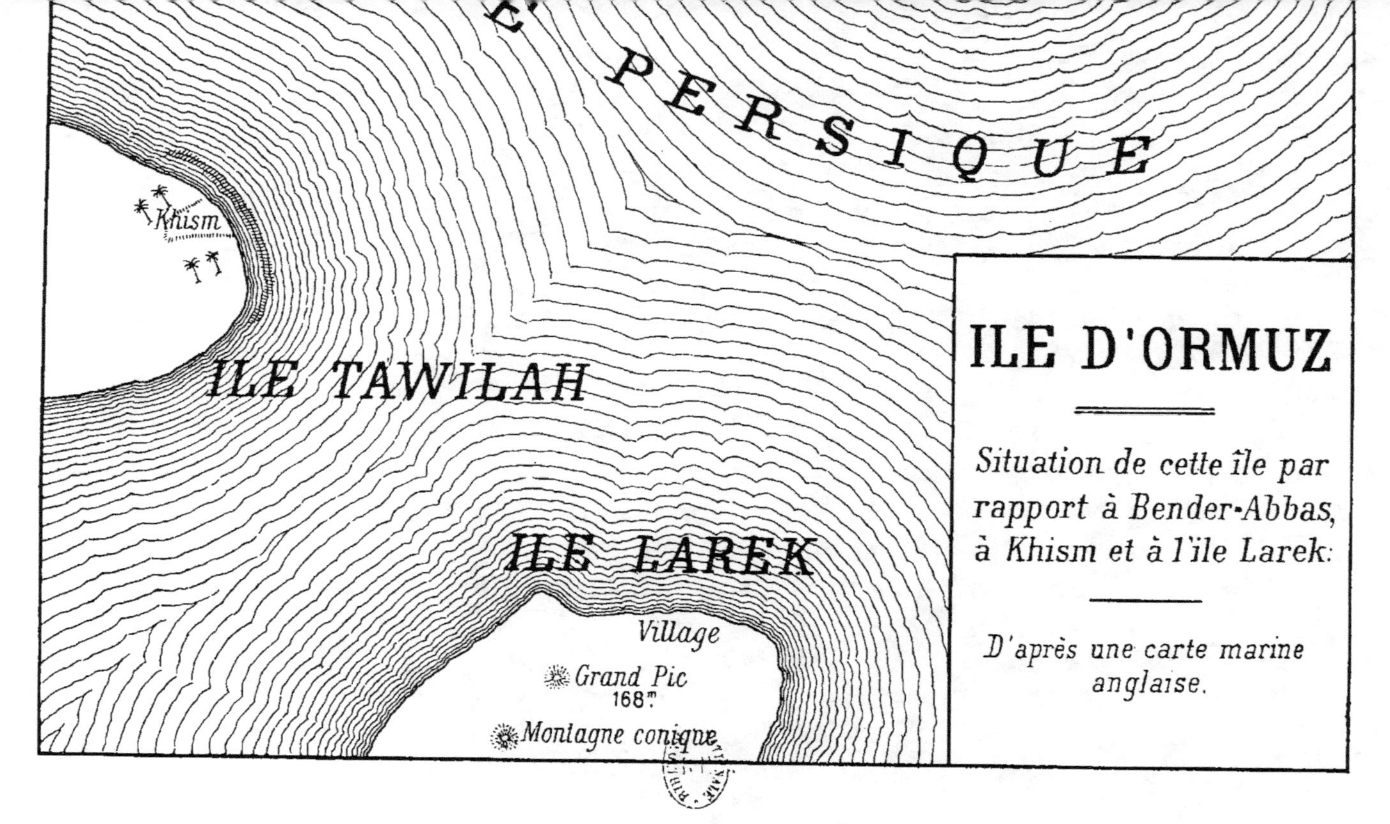

E PERSIQUE
Khism
ILE TAWILAH
ILE LAREK
Village
Grand Pic
168ᵐ
Montagne conique
ILE D'ORMUZ
Situation de cette île par rapport à Bender-Abbas, à Khism et à l'île Larek:
D'après une carte marine anglaise.

de février 1904. Ce blé et cet orge semés, comme sèment les Arabes, après un simple grattage de la terre dans les endroits où le sol en contre-bas conserve une certaine humidité (notamment sur l'emplacement d'anciennes citernes), recouvraient alors une superficie totale difficile à apprécier, vu le morcellement des parcelles cultivées, mais qui nous a semblé pouvoir être évaluée à plusieurs hectares (1). La hauteur atteignait déjà sur certains points 80 centimètres; la récolte devait être faite en avril.

On trouve également dans cette plaine, ainsi que sur la côte est, un certain nombre d'arbres. Le plus répandu est le «Ziziphus spina Christi»(2) dont la hauteur varie de 2 à 6 mètres.

Il y avait autrefois des palmiers; ils ont disparu par le fait de l'incurie des habitants.

Ceci suffit à prouver que, sans être une oasis, Ormuz n'est pas une île aride. D'ailleurs, dans cette île, sur l'emplacement même des petits champs d'orge et de blé, s'est élevée du xiiie jusqu'au commencement du xviie siècle, une cité florissante dont l'étendue est attestée par de nombreux vestiges. Alors une population active, comprenant environ 3.000 familles, luttait contre un climat déprimant et savait se créer des ressources que l'on chercherait vainement aujourd'hui (3).

Rien ne rappelle en effet ce passé dans le village misérable composé de 2 à 300 huttes en boue et en rameaux de dattiers, encloses de barrières de même sorte, que l'on voit près du fort. Les seules

---

(1) A l'automne de 1903 on a semé à Ormuz 500 « battements », c'est-à-dire 1.485 kilos d'orge et de blé. (Le « battement » de Tauris adopté par la Douane comme mesure officielle, vaut 2 kil.970 grammes.) Les grains se multiplieraient dans la proportion peu élevée de huit pour un.

(2) La détermination de cet arbre a été faite au Muséum d'histoire naturelle d'après l'échantillon rapporté.

(3) Ormuz fut au xiiie siècle la capitale d'un royaume qui comprenait les régions voisines de l'Arabie et de la Perse. Au commencement du xvie siècle les Portugais venus de l'Inde sous la conduite d'Albuquerque s'emparèrent d'Ormuz et de toutes les côtes du Golfe Persique jusqu'à l'embouchure du Chat-el-Arab. De nombreux débris de forteresses attestent leur occupation. C'est pendant le xvie siècle qu'Ormuz semble avoir été la plus florissante: sa population se composait alors de 3.000 familles environ, dont la moitié chrétiennes. Il y avait trois églises, deux chapelles, un clergé séculier et une communauté de pères augustins. En 1622 les flottes combinées des Anglais et des Persans mirent le siège devant Ormuz: la garnison de 500 hommes dut capituler après deux mois et demi par suite du manque d'eau dans les citernes du fort. Les Persans rasèrent la ville. Les Portugais se réfugièrent dans celles qu'ils possédaient sur le littoral.

constructions dignes de ce nom sont les mosquées. au nombre de deux, dont l'une ancienne dans la plaine, l'autre moderne dans le village même.

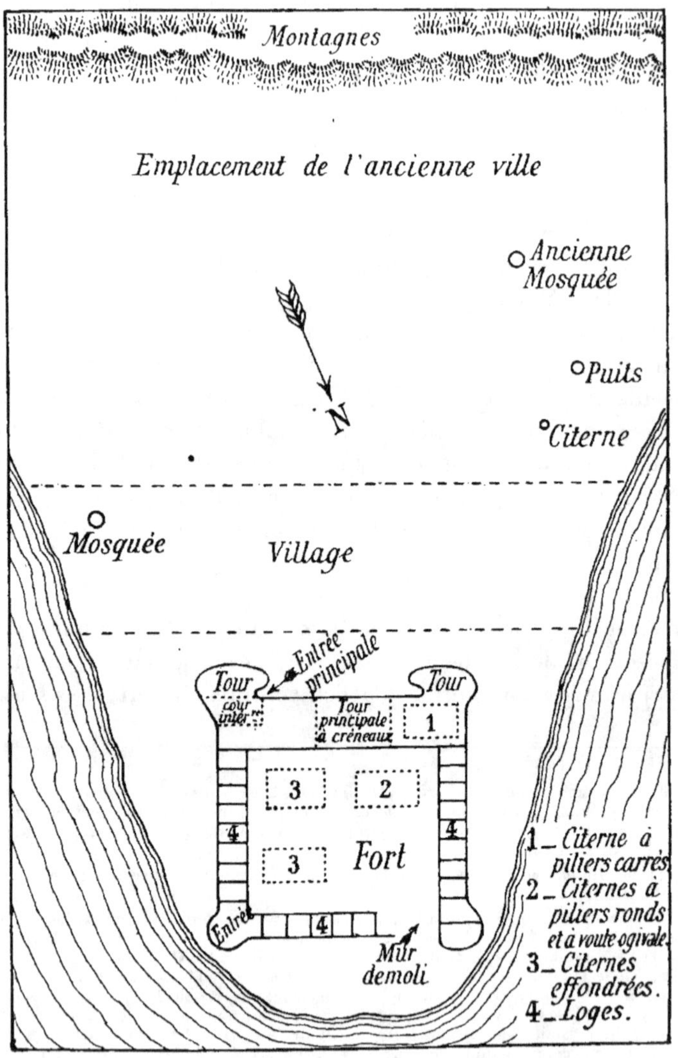

Pointe de l'ile d'Ormuz. Plan du fort

Quant au fort, construit par les Portugais au commencement du xvie siècle, il se présente sous l'aspect d'un vaste quadrilatère flanqué aux quatre angles de tours en grande partie effondrées aujourd'hui. Une tour à créneaux, dominant les autres, occupe encore le centre de la face sud. A l'intérieur, sur les trois côtés baignés par la mer, se trouvent de larges loges communiquant entre elles, sortes d'alvéoles dont on a cru pouvoir (bien à tort) proposer l'utilisation pour le logement des personnes en observation sanitaire, dans l'hypothèse où l'on installerait à Ormuz un lazaret. Deux grandes citernes, en assez bon état de conservation, subsistent encore: l'une est dans la cour ; très intéressante avec ses piliers ronds et sa voûte en ogive qui lui donnent l'aspect d'une chapelle souterraine ; l'autre, située dans l'angle sud-ouest, était destinée à recevoir l'eau des terrasses et des toitures; elle est plus profonde et plus vaste que la précédente; les piliers qui la soutiennent sont carrés. Toutes deux sont vides et ne sauraient recevoir de l'eau, faute de surfaces pour la recueillir.

On comptait, paraît-il, autrefois à Ormuz quatre cents citernes ; aujourd'hui sept seulement sont à peu près utilisables. Ces citernes, en médiocre état, sont des fosses rectangulaires de 8 à 10 mètres de longueur, sur 2 à 3 de largeur et 2 à 3 de profondeur, plus ou moins étanches et recouvertes d'une voûte en maçonnerie ou en briques crues (1). Les pluies qui ont lieu à cinq ou six reprises chaque année et tombent chaque fois avec une grande abondance pourraient fournir une réserve considérable ; mais les citernes n'étant pas entourées d'une aire disposée pour recueillir l'eau, n'en reçoivent qu'une faible quantité et cette eau déjà sale n'est pas protégée contre les souillures qui se produisent au moment du puisage. Aussi la provision des citernes dure-t-elle cinq ou six mois seulement. Il existe également à Ormuz deux puits dont un au N. O., à sec en été, et un autre au S. E. (2), qui a de l'eau toute l'année. Bien que l'eau de ce dernier puits passe pour n'être pas bonne, les ouvriers qui exploitent la carrière d'oxyde de fer en font usage; mais ce puits,

---

(1) Les citernes d'Henjam sont construites sur le même modèle.

(2) Près de ce puits se trouvaient autrefois des bâtiments importants dont nous n'avons pas vu les ruines. La carte de l'amirauté anglaise les mentionne cependant. D'après le *Pilote du Golfe Persique*, ces bâtiments seraient désignés sur une ancienne carte sous le nom de «Turumbak» qui signifierait «palais du roi». La carte anglaise reproduit cette appellation.

situé à 4 milles environ du fort, est trop éloigné pour qu'il soit possible aux habitants d'Ormuz de s'y approvisionner.

Aussi lorsque puits et citernes sont épuisés, ont-ils recours au procédé suivant qui leur permet de recueillir de l'eau pendant un mois environ. Ils creusent sur les points en contre-bas de petites fosses de 1 mètre à 1 m. 50 de profondeur, dans lesquelles l'eau s'accumule; mais cette eau s'épuise vite ou prend, paraît-il, un goût salé. On en apporte alors de Bender-Abbas pour les quelques habitants qui restent dans l'île à l'époque des chaleurs.

Quant aux sources, que l'on trouve dans la montagne, elles ne sont pas utilisables. Issues de rochers de sel, elles tiennent en dissolution des sels de magnésie et du chlorure de sodium, et leur eau est une véritable saumure d'un goût plus désagréable encore que l'eau de mer. Cette eau dépose dans le lit des ruisseaux le sel dont elle est saturée et qui est recueilli par les habitants pour leur usage et pour l'exportation. Ils envoient du sel à Bender-Abbas, Lingah, Mascate et Bahrein (1).

La population d'Ormuz est d'environ 1.000 habitants comprenant une proportion élevée de femmes. Quelques-uns servent comme matelots à bords des voiliers; une cinquantaine travaillent à l'exploitation de l'oxyde de fer (2) au sud-ouest de l'île; le plus grand nombre se livrent à la pêche (3). Ils disposent de neuf grands bateaux à voile et d'une quarantaine de petites embarcations dites « belems ».

La nourriture des habitants se compose principalement de

---

(1) Le sel qui se présente sous forme d'énormes blocs, véritables rochers, ne peut être utilisé en cet état pour l'alimentation à cause des sels de magnésie qu'il contient. Mais lorsqu'il fond, les sels de magnésie solubles restent dissous dans l'eau, alors que le chlorure de sodium qui l'est moins se dépose, par suite de l'évaporation, le long des ruisseaux. Le sel devient donc utilisable par le fait de cette opération chimique.

(2) Cet oxyde qui, dans certaines parties de l'île, se présente à l'état terreux, est exploité par les procédés les plus primitifs. C'est en frappant avec des bâtons que les ouvriers le réduisent en petits fragments qu'ils mettent dans des sacs. On extrait environ 4.000 tonnes par an de cette terre rouge, désignée dans le pays sous le nom de « gilak », que l'on transporte en Angleterre. Un riche persan a obtenu pour une somme dérisoire, paraît-il, la concession pour l'exploitation de toute l'île d'Ormuz.

(3) Parmi les poissons qu'ils pêchent, se trouve une sorte de sardine qu'ils salent et conservent dans d'énormes jarres d'une contenance de 144 livres anglaises (65 kil. 232 grammes). Ces sardines, transportées en partie à Bender-Abbas, y constituent la nourriture des pauvres gens : en 1904 on y a importé 740 de ces jarres.

Les pêcheurs utilisent comme magasins certaines parties du fort d'où s'exhale une odeur nauséabonde.

poissons, de dattes et de galettes de froment mal cuites qui tiennent lieu de pain dans le Golfe Persique et les pays voisins.

Pour leur chauffage ils emploient des arbustes qui croissent dans les marais de Khamir situés sur la côte persane entre Bender-Abbas et Lingah.

On a dit que les habitants d'Ormuz ne pouvaient y rester pendant l'été à cause de la chaleur. La vérité est que ces gens très pauvres, dont la moisson est terminée dès la fin d'avril et qui ne savent pas recueillir l'eau nécessaire à leur consommation de l'année, quittent volontiers leur île où rien ne les retient alors, pour se rendre à Bender-Abbas, à Minab et à la côte d'Oman. Ils s'y emploient à la récolte des dattes qui a lieu, suivant les conditions climatériques des diverses localités, à des époques un peu différentes. Un petit nombre d'habitants restent : ce seraient les plus aisés.

Cet exode qui n'est pas particulier aux habitants d'Ormuz (il en est de même à Henjam, à Khism et dans d'autres îles), dure de mai à octobre.

Quelques-uns de ces émigrants temporaires emmènent avec eux leurs animaux (1) ; les autres les laissent à la garde des habitants restants. Pendant l'hiver ces bêtes trouvent à Ormuz une pâture suffisante, ainsi que nous avons pu le constater dans l'est de l'île où nous avons rencontré un troupeau de bonne apparence. En été et aussi en hiver à l'étable, elles reçoivent une nourriture qui vaut d'être citée : c'est une sorte de mixture composée de têtes de poissons et de noyaux de dattes cuits ensemble. A Khism, à Henjam et dans beaucoup d'autres parties du Golfe, les animaux sont soumis au même régime.

On trouve à Ormuz des lièvres et des gazelles.

La température de l'île, très inclémente, serait, au dire des habitants, comparable à celle de Khism et un peu moins pénible que celle de Bender-Abbas.

Le mouillage d'Ormuz situé à la partie nord de l'île est assez bon.

Il est, dit le *Pilote du Golfe Persique*, abrité de tous les vents sauf du « nashi » (vent du N.-E.), pour lequel les bateaux du pays changent de mouillage et viennent à l'ouest du fort.

---

(1) Il y avait a Ormuz en février 1905 : 12 ânes, 8 bœufs ou vaches et 260 chèvres. Il y a toujours des volailles en grand nombre, mais leur qualité laisse beaucoup à désirer, comme d'ailleurs dans tout l'Orient.

L'île d'Henjam est située en face de l'île de Tawilah dont elle est séparée par la baie de Diristan (1), laquelle constitue une rade réputée bonne. Cette baie est protégée contre le « shemal » (vent du N.-O.) par l'île Tawilah, et contre le « koss » (vent du S.-E.) par l'île d'Henjam elle-même. Sa profondeur est suffisante pour donner accès aux grands navires. C'est dans cette baie qu'ont mouillé les bâtiments qui accompagnaient Lord Curzon, vice-roi des Indes, lors de son récent voyage dans le Golfe Persique. Au point le plus étroit appelé « chenal d'Henjam », la distance entre les deux îles est de un mille. La profondeur du chenal varie de 14 à 29 mètres ; il est donc accessible à tous les navires.

Le meilleur mouillage, qui est à un quart de mille de terre par 16 mètres 5 de fond de sable, est, dit le *Pilote du Golfe Persique*, à l'abri de tous les vents dominants.

L'île a 9 kilomètres de longueur sur 4 1 2 de largeur ; elle est orientée du N.-N.-E au S.-S.-O dans le sens de son plus grand diamètre. Elle est obliquement coupée de l'O.-S.-O à l'E.-N.-E. par une dépression profonde qui la sépare en deux parties très inégales : une partie nord plus petite, proche de l'île Tawilah et qui nous intéresse particulièrement ; une partie sud qui regarde le Golfe. C'est dans la partie nord que sont installés la station du télégraphe indo-européen et le bureau des douanes persanes.

Cette partie nord, constituée par un plateau et des collines qu'une pente assez douce relie à la mer, a dû être très peuplée autrefois. On y trouve en effet des citernes, une mosquée en ruine et une autre encore debout, des vestiges de constructions et de nombreuses tombes. Aujourd'hui il n'y a comme habitants que les deux employés du télégraphe et leurs domestiques, l'agent persan des douanes, sa famille et un vieillard depuis longtemps fixé dans l'île avec ses enfants et qui a fait sa demeure d'une grotte située non loin du rivage.

La station du télégraphe indo-européen a été créée en 1869 (?) dans un but exclusivement stratégique. La rigueur du climat et l'isolement pénible auquel sont condamnés les employés, déter-

---

(1) Du nom d'un village important situé au milieu d'une oasis, dans l'île de Tawilah, à 3 kilomètres environ du rivage.

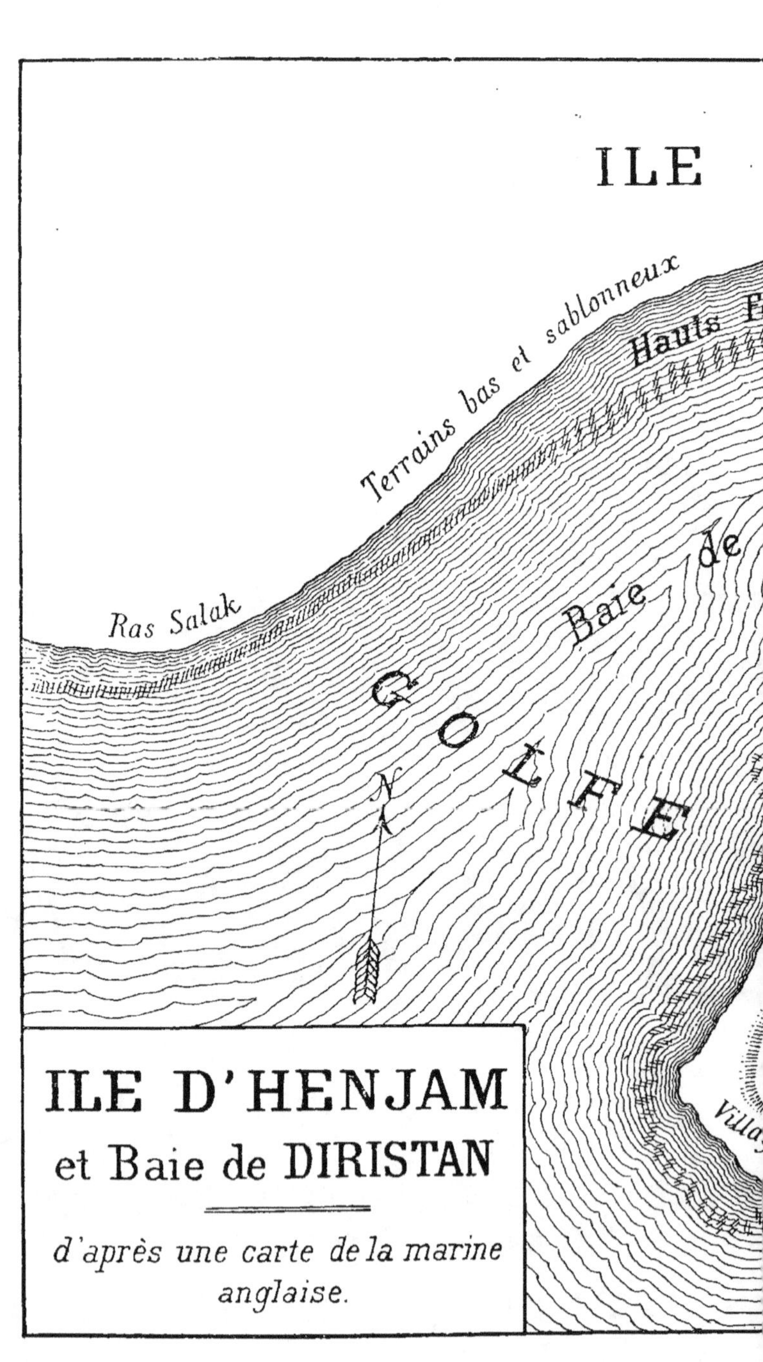
ILE
Terrains bas et sablonneux
Hauts F
Baie de
Ras Salak
GOLFE
N
Villa
ILE D'HENJAM
et Baie de DIRISTAN
d'après une carte de la marine
anglaise.

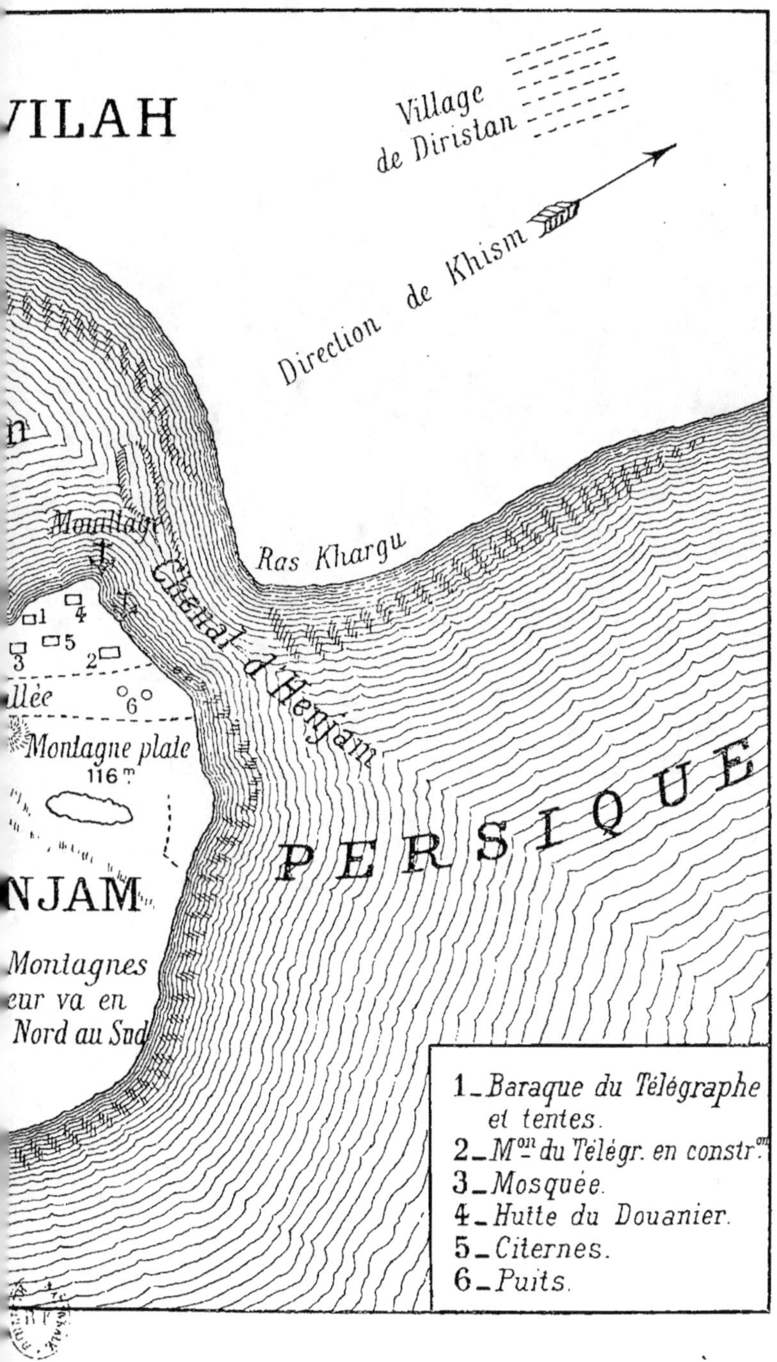

VILAH
Village de Diristan
Direction de Khism
Mouillage
Ras Khargu
Chenal d'Henjam
1
4
5
3
2
6
Montagne plate
116 m
PERSIQUE
NJAM
Montagnes
eur va en
Nord au Sud
1_Baraque du Télégraphe et tentes.
2_Mon du Télégr. en constron.
3_Mosquée.
4_Hutte du Douanier.
5_Citernes.
6_Puits.

minèrent le Gouvernement des Indes à abandonner cette station
en 1883 à la suite, nous a-t-on dit, des décès successifs de deux d'entre
eux. C'est après le voyage de Lord Curzon que le bureau fut ouvert
de nouveau. A la fin de 1903 deux agents furent installés à Henjam ;
une maison démontable abrita le bureau du télégraphe et une
dizaine de grandes tentes dressées sur le rivage constituèrent pour
le personnel des abris provisoires. Cette installation temporaire sera,
vers le milieu de 1905, remplacée par un bâtiment en pierres
de 50 mètres environ de long sur 20 de large, actuellement en
construction sur le point le plus élevé du plateau. Il se composera
de plusieurs pièces entourées sur les quatre faces d'une vérandah (1).

Le bureau des douanes et postes persanes, qui sert en même
temps d'habitation au douanier, est plus modeste : c'est une grande
hutte recouverte en feuilles de dattiers et séparée intérieurement
en deux parties. L'agent est un indigène décoré du titre de « directeur des douanes et postes d'Henjam ». Ce bureau a été installé
en novembre 1904.

Depuis quelques mois le bureau du télégraphe d'Henjam dessert
Bender-Abbas au moyen d'un courrier régulier qui emprunte la
voie que nous avons nous-même suivie, c'est-à-dire traverse la baie
de Diristan, la moitié est de l'île Tawilah et le bras de mer séparant
Khism de Bender-Abbas. Ce courrier est un agent de l'administration des postes persanes qui assure en même temps le transport
de la correspondance.

Il y avait autrefois dans la partie nord d'Henjam un grand nombre
de citernes (on nous a dit 300) ; il en resterait une quarantaine. En
réalité quelques-unes seulement sont en état de recueillir l'eau des
pluies. Les agents anglais du télégraphe ont réparé deux de ces
réservoirs qu'ils ont munis de grilles et de portes à leurs extrémités.
Les citernes ont de 8 à 10 mètres de long sur 2 à 3 de large et 2 à 3 de
profondeur ; elles sont munies d'une couverture en forme de voûte
qui les protège contre une trop rapide évaporation, mais qui est
largement ouverte aux deux extrémités et le plus ordinairement
en mauvais état.

L'eau assez malpropre que ces réservoirs contiennent et à

---

(1) Pour ce travail dirigé par un contre-maître indien et qui occupe une cinquantaine
d'ouvriers, on fait venir de la chaux de Khamir.

laquelle le puisage ajoute de nouvelles souillures, ne dure pas plus de trois à quatre mois après l'époque des pluies. On a recours alors à celle des puits.

Ces puits au nombre de deux(1) se trouvent au nord de la vallée dont nous avons parlé et que domine le nouveau bâtiment du télégraphe anglais. Le plus grand a 10 mètres de profondeur; l'eau s'élevait à 5 mètres au mois de février 1905.

Près de ces puits, les Anglais ont mis en culture quelques ares de terrain. Nous avons pu constater que l'orge et les légumes qu'ils y avaient semés poussaient bien et il semble que dans cette vallée le sol soit, sur certains points tout au moins, assez bon.

Le Dr Bussière rapporte que le vieux pêcheur qui l'a guidé aurait vu dans sa jeunesse ces terrains cultivés. Aujourd'hui ce grand espace dépourvu de végétation (en dehors des jardinets anglais), donne une impression de tristesse.

Cette vallée, dont la formation géologique paraît être plus récente que celle du reste de l'île, était probablement un bras de mer qui, en se comblant, en a réuni les deux parties. Sa disposition, la nature particulière du terrain très différente de celui qui forme les collines dans le nord et le sud, et enfin ce fait que l'on trouve sur certains points des couches de coquillages qui supposent la présence antérieure de la mer, nous semblent confirmer cette hypothèse.

La partie nord de l'île est totalement dépourvue de végétation. Les collines qui dominent la vallée sont constituées par des roches friables et dont la désagrégation se fait par-dessous, de telle manière qu'il ne reste qu'une sorte de croûte limitant une excavation plus ou moins grande.

Nous avons constaté le même phénomène dans l'île de Khareg située au fond du Golfe entre Bouchir et le Fao, et dans l'île de Tawilah, mais non à Ormuz.

Sur la côte N.-O. il y a de nombreux bancs d'huîtres. On trouve aussi ces mollusques attachés à des rochers de forme singulière.

Dans la partie sud de l'île, près de la mer, il y a une région moins aride. Le nombre des habitants y serait de 6 ou 700 et celui

---

(1) Nous en avons vu deux; on nous a dit qu'il n'y en avait pas d'autres.

des maisons de 250 environ. Ces habitants font un peu de culture et ils ont des dattiers. Il y aurait des puits, d'après le vieux pêcheur qui habite le nord de l'île et auprès duquel le Dr Bussière a dû recueillir ses informations (1). Nous ne pensons pas toutefois que ces renseignements, tout intéressants qu'ils soient, aient l'importance qu'il semble que que l'on doive *a priori* leur attribuer. Ce n'est pas en effet dans la partie sud de l'île, éloignée de la baie, que pourrait être établie une station sanitaire et, entre cette partie et la partie nord, la distance est longue et les communications difficiles. C'est d'ailleurs pour ce motif que nous n'avons pu nous-même nous y rendre, notre temps étant limité. Mais il résulte des indications qui nous ont été fournies que les rapports entre les habitants du nord de l'île et ceux du sud sont des moins fréquents. Ces derniers sont du reste réputés peu sociables et très indépendants vis-à-vis du Gouvernement persan qui ne percevrait à Henjam aucun impôt et n'y aurait même pas un représentant de son autorité.

Comme les habitants d'Ormuz, ceux du sud d'Henjam émigrent du mois de mai au mois de juin et se rendent, les uns dans l'île de Tawilah pour la récolte des dattes, les autres sur la côte d'Oman, notamment à Bahrein et à Kumzar où il s'emploient à la pêche des perles. Les rigueurs du climat ne sont pour rien dans cet exode.

Si ce climat est supportable pour les indigènes, il est, en été, des plus pénibles pour les européens. De mai à octobre la chaleur est très forte et aussi accablante la nuit que le jour. M. Lobo, employé de la compagnie du télégraphe indo-européen, a adressé à ce sujet à son administration le 10 octobre 1904, la note ci-après qui m'a été communiquée par les soins de M. le Vice-consul d'Angleterre à Bouchir:

L'été est épouvantable à Henjam et la désolation qui y règne alors ne tend pas à en atténuer la rigueur. Durant les mois de juin, juillet et août, les nuits sont très chaudes et très humides, et l'atmosphère est visqueuse. Des myriades de moustiques rendent les nuits intolérables. Le sommeil devient pour ainsi dire impossible par suite de la chaleur : on ne peut même pas supporter le plus léger vêtement. La mauvaise odeur provenant de la décomposition des algues

---

(1) Une indication contraire nous a été donnée par M. le Consul général de Russie à Bouchir.

ajoute à tous ces tourments. Pendant la dernière saison chaude, il y a eu fort peu de fièvre dans notre campement quoique les arabes (1) en aient beaucoup souffert. Nous avons pris régulièrement au cours de l'été des pilules de quinine tous les cinq ou six jours et, de cette façon, nous n'avons presque pas eu de fièvre.

En résumé, il serait difficile de trouver n'importe où un lieu de résidence où les conditions de la vie soient aussi dures. Hoyéres (2) dit avoir bien passé l'année à Henjam, mais il rapporte, en même temps, qu'un employé du télégraphe y a perdu la raison. Cette dernière remarque est très significative en ce qui concerne l'effet produit par le climat d'Henjam et de ses environs sur des gens civilisés appelés à y résider un temps indéterminé.

Nous avons vu M. Lobo lors de notre visite à Henjam ; il nous a pleinement confirmé ces renseignements.

Quelle conclusion peut-on tirer des indications qui précèdent au point de vue de la préférence à donner à l'une des deux îles Henjam ou Ormuz pour l'établissement d'une station sanitaire, *abstraction faite de l'utilité même de cette station* ?

En ce qui concerne la situation, il n'est pas contestable qu'Henjam étant plus rapprochée qu'Ormuz de la route parcourue par le plus grand nombre des navires, mérite la préférence. Il ne faut cependant pas méconnaître que, dans l'hypothèse où tous les bâtiments seraient arraisonnés à leur entrée dans le Golfe, comme le prévoit l'article 79 de la Convention de 1903, ceux qui se rendent à Bender-Abbas, et ils sont nombreux, devraient se détourner sensiblement de leur route.

Au point de vue du mouillage, Ormuz ne se trouve pas dans une situation défavorable : si le vent soufflant du N.-E. y atteint les navires au point ordinaire de leur stationnement, ceux-ci peuvent trouver dans ce cas, ainsi que nous l'avons mentionné, un abri de l'autre côté de la pointe. Toutefois, à Henjam, les conditions sont beaucoup meilleures puisque le mouillage indiqué sur les cartes est protégé de tous les vents dominants et que la vaste baie située entre cette île et celle de Tawilah offrirait, ainsi que l'a fait observer M. le Dr Bussière, des conditions de sécurité favorables à la bonne exécution des mesures sanitaires à bord.

Henjam a-t-elle également l'avantage en ce qui concerne le climat ?

---

(1) Il s'agit sans doute des ouvriers employés à la construction du bureau du télégraphe.
(2) Second employé du télégraphe à Henjam.

Rien ne nous permet de le croire. Sur la température de cette île, nous avons des renseignements pessimistes donnés par un européen, mais cette appréciation n'eût sans doute pas été moins défavorable s'il se fût agi d'Ormuz. Les conditions générales des deux îles ainsi que leur latitude sont trop peu dissemblables pour que leur climat présente une différence marquée. M. le Dr Bussière estime que la constitution géologique d'Ormuz est susceptible d'expliquer une haute température par une plus grande absorption du calorique solaire. Le fait est probable en ce qui concerne la partie montagneuse de l'île mais non la plaine balayée par les vents à l'extrémité de laquelle serait établie la station. Cette plaine, nous l'avons dit, serait susceptible de recevoir des cultures et des plantations d'arbres qui en modifieraient heureusement l'aspect et en rendraient le séjour plus supportable. Il ne faut pas oublier non plus qu'Ormuz a été autrefois habitée par un grand nombre d'européens. Pour ces raisons, sans nous croire autorisé à attribuer à cette île une supériorité sur Henjam au point de vue du climat, nous ne pensons pas qu'il y ait lieu de la considérer comme présentant des conditions plus défavorables. Rappelons enfin qu'on ne saurait tirer aucune indication du fait que les habitants émigrent en été, puisque cet exode n'a pas pour cause la température et qu'il n'y a pas à cet égard de différence entre ceux d'Ormuz et ceux d'Henjam.

L'aide que l'on peut attendre de ces habitants ou les inconvénients que leur présence entraînerait pour l'application des mesures sanitaires paraissent choses secondaires qu'il n'y a pas lieu de prendre ici en considération.

Il n'en serait pas de même des ressources résultant des cultures ou des approvisionnements que les habitants seraient susceptibles de fournir à la station, si, à cet égard, les conditions n'étaient presque également médiocres. Il y a à Ormuz du poisson en abondance, de la volaille (mauvaise comme dans tout le Golfe) et du bétail; en hiver on pourrait récolter des légumes. On trouverait à Henjam des ressources analogues, soit sur place, soit à Diristan de l'autre côté de la baie (nous avons dit qu'il ne fallait pas compter sur le village du sud de l'île). Toutefois, la proximité de Bender-Abbas assurerait un certain avantage à Ormuz.

La question de l'eau a une grande importance et elle a retenu toute notre attention; cependant elle ne fournira pas un élément notable d'appréciation pour le choix qui nous occupe. Henjam a, en ce qui concerne les puits, une petite supériorité, mais ces puits seraient tout à fait insuffisants. Quant aux citernes on pourrait les multiplier autant qu'on le voudrait et avoir par ce moyen de l'eau en abondance pour les usages courants. L'eau destinée à l'alimentation ne saurait être obtenue, dans des conditions de nature à inspirer toute sécurité, qu'au moyen d'une machine distillatoire qui aurait d'autre part l'avantage de parer à toutes les éventualités.

La construction des bâtiments sanitaires présenterait un peu plus de facilités à Henjam qu'à Ormuz où il faudrait, pour trouver la pierre, aller jusqu'aux montagnes, alors qu'à Henjam on la rencontrerait sur certains points à pied d'œuvre. La chaux y serait aussi plus facilement apportée de Khamir qui est en face d'Henjam, de l'autre côté de l'île Tawilah et du détroit de Clarence. Les ouvriers seraient amenés aussi aisément à Ormuz qu'à Henjam.

De l'examen comparatif auquel nous venons de procéder il résulte que, si les conditions dans lesquelles se présentent les deux îles sont d'une façon générale équivalentes, Henjam l'emporte cependant par sa situation et la valeur de son mouillage. A ces deux avantages s'en ajoute un autre très important et sur lequel M. le Dr Bussière a justement appelé l'attention: c'est la présence de la station du télégraphe indo-européen. Il n'est pas nécessaire d'insister sur l'intérêt qu'il y a pour une station sanitaire à être en communication constante avec les points d'où peuvent provenir les navires contaminés, comme avec les localités qu'elle a pour but de défendre, et cet intérêt est tel que si le bureau télégraphique n'existait pas il faudrait le créer sous peine de n'avoir dans cette station isolée, qu'un instrument à peu près inutilisable.

A un triple point de vue, Henjam devrait donc être préférée à Ormuz pour l'établissement d'une station sanitaire, *toutes réserves faites sur les nombreuses difficultés que rencontrerait cette installation.*

Ce n'est d'ailleurs pas pour la première fois que l'attention du Gouvernement français est appelée sur l'île d'Henjam en vue de la création d'un lazaret. Dans une lettre du 21 octobre 1897 adressée à M. le ministre des affaires étrangères, M. Ottavi, vice-consul à Mascate, faisait mention d'Henjam et du « port admirable, facilement accessible par tous les temps et à toute heure » qui se trouve entre cette île et celle de Tawilah. Toutefois, ce n'est pas à Henjam mais à Diristan, dans l'île de Tawilah que M. Ottavi proposait d'établir le lazaret (de préférence à Ormuz).

Nous avons parlé plus haut du village de Diristan (pages 14 et 66), des ressources qu'il offre, mais on ne pourrait créer une installation sanitaire dans l'oasis parce qu'elle est éloignée de la mer d'environ 3 kilomètres, ni plus près du rivage parce que le sol est bas, sablonneux et que les hauts-fonds en rendent l'approche impossible, non seulement pour les bâtiments d'un certain tonnage, mais même pour les grandes embarcations. Il est facile de se rendre compte par l'examen de la carte ci-dessus que cet inconvénient est beaucoup moins marqué à la pointe de l'île d'Henjam, à l'endroit où est indiqué le mouillage. Il était toutefois intéressant de rappeler les renseignements fournis par M. le consul Ottavi qui se prononçait contre Ormuz.

Tout autres sont ceux que donnait dans une lettre du 24 septembre 1897, M. Ferrand, vice-consul de France à Bender-Bouchir, d'après un rapport de M. le Dr Campo-Sampietro. Antérieurement à la Conférence de Venise de 1897, M. le Dr Campo-Sampietro, délégué sanitaire ottoman en Perse, avait, écrit M. Ferrand, reçu mission du conseil supérieur de santé de Constantinople

de rechercher, d'accord avec le Dr Tjelepis, médecin sanitaire à Kermanchah, l'emplacement le plus convenable pour l'établissement d'un lazaret dont la Conférence de Paris avait décidé la construction à Fao ou à proximité de ce point. Après une laborieuse enquête et une minutieuse visite des différentes régions du Golfe où pourrait être installé un établissement de ce genre, le choix des deux médecins sanitaires s'est arrêté sur l'île d'Ormuz.

M. le consul fait suivre ces lignes d'une citation de la partie du rapport de M. le Dr Campo-Sampietro relative à Ormuz, citation que nous croyons devoir reproduire en annexe bien que les indications données soient sur plusieurs points totalement différentes de celles que nous avons nous-même recueillies. Nous notons d'ailleurs ces divergences.

Après avoir passé en revue, écrit encore M. Ferrand, Fao, Khism, Basiduh à la pointe N.-O. de l'île Tawilah, Diristan sur la côte S. et l'île d'Henjam, le Dr Campo-Sampietro conclut ainsi:

De ce qui précède, il est facile de saisir que, en dehors d'un seul (*sic*), aucun autre des points que nous avons inspectés ne répond en totalité aux conditions essentielles pour l'emplacement d'un lazaret. Ces conditions sont : mouillage sûr, sécurité, salubrité, eau potable en quantité suffisante, approvisionnement facile. Et, de fait, le port de Khism est petit et, à des moments donnés, il fatigue trop les navires ; l'eau est peu abondante et de mauvaise qualité ; de plus, les tremblements de terre se suivent à trop courte distance pour que tout danger soit à l'avenir écarté. Le village de Diristan, à son tour, est insalubre et sa baie ne peut abriter aucun bateau (1). Quant à Basidu, situé au N-O. de l'île, celui-ci offre toutes les garanties requises, mais son grand éloignement de Bender-Abbas le rend peu favorable à l'emplacement d'un lazaret. En réalité, tous les bateaux provenant des Indes à destination de Bassorah touchent toujours à Bender-Abbas. Si en conséquence une station quarantenaire allait être établie à Basidu, il y aurait pour ces provenances une déviation forcée de soixante milles et autant au retour pour se rendre à Bender-Abbas. Il vaut mieux l'éviter. L'île d'Henjam, située à cent mètres au-dessus du niveau de la mer (!), serait en bonne position, mais son éloignement de Bender-Abbas (80 milles aller et retour), l'impossibilité de l'approvisionnement et surtout le manque d'eau, la rendent impossible pour la construction d'un lazaret. A l'île de Larek, l'eau manque complètement et il n'y a pas de mouillage. Il ne reste, en conséquence, que l'île d'Ormuz tout indiquée pour la construction d'une station quarantenaire avec lazaret. En effet, les réservoirs, la plaine et le mouillage du côté E.-N.-E. répondent à toutes les exigences. Il faut ajouter que la sécurité et la salubrité d'Ormuz sont proverbiales, que les matériaux pour construction (chaux et pierres) abondent dans l'île ; que les réservoirs existants peuvent suffire *largement* (sic) pendant une année, à quinze mille personnes, que l'approvisionnement des vivres peut facilement se faire à Bender-Abbas et qu'Ormuz se trouve sur la route obligatoire des bateaux venant des Indes ; et l'on aura de la sorte une somme de circonstances tellement favorables à contenter l'esprit le plus difficile.

On conçoit qu'un éloge aussi enthousiaste de l'île d'Ormuz ait amené les délégués des Puissances réunis à Venise en 1897 à placer dans cet eden le futur lazaret. Mais il est regrettable, ainsi que nous nous efforcerons de l'établir plus loin, que cette désignation d'Ormuz ait été le point de départ d'une évolution trop radicale à la suite de laquelle les mesures préconisées en 1904 ont été remplacées par un système entièrement différent.

CHAPITRE V

Plan de défense sanitaire du Golfe Persique tel qu'il semble résulter des conditions précédemment exposées.

Nous avons vu au chapitre III que deux systèmes avaient été successivement préconisés pour la défense du Golfe Persique, l'un

---

(1) Il est difficile de formuler une appréciation plus inexacte.

à la Conférence de Paris en 1894, l'autre à celle de Venise en 1897, et que ce second système avait été repris à Paris en 1903.

D'après le premier de ces systèmes, les ports les plus importants du Golfe, ainsi que Gwadar (Belouchistan), Mascate (Oman), Mohammerah et Bassorah, seraient devenus le siège de postes sanitaires et cette organisation aurait été complétée par la création au Fao ou à proximité de ce point d'un grand lazaret sur terre ferme avec service complet ayant sous sa direction les postes sanitaires du Golfe.

D'après le second système, les navires seraient arraisonnés à leur entrée dans le Golfe Persique et, leur état sanitaire ayant été reconnu satisfaisant, ils se rendraient soit directement à leur destination si cinq jours s'étaient écoulés depuis leur départ du dernier port contaminé; soit à Bender-Bouchir, seul port du Golfe qui leur serait ouvert au cas où ce temps ne serait pas révolu (1); — soit enfin à Bassorah si tel était leur but, accompagnés de deux gardes sanitaires, au cas où la durée de l'observation ne serait pas terminée. Une deuxième visite serait pratiquée à Bassorah où se feraient les désinfections nécessaires.

Ce second système paraît passible de graves objections :

Tout d'abord la disposition obligeant les navires qui arrivent dans le Golfe Persique à se rendre tous à l'établissement sanitaire d'Ormuz constituerait pour la navigation une obligation très lourde : l'île d'Ormuz se trouve sur le passage des bâtiments se rendant à Bender-Abbas ; mais ceux qui vont à Jask ou se dirigent sur Lingah et Bouchir seraient obligés de se détourner de leur route, d'où perte de temps particulièrement préjudiciable aux courriers postaux.

Si l'on suppose qu'au lieu d'être installé à Ormuz, l'établissement sanitaire serait établi à Henjam, ainsi que l'a proposé M. le Dr Bussière, l'inconvénient ne serait pas moindre, en ce sens que ce seraient encore les bâtiments se rendant à Jask ou ceux qui vont à Bender Abbas qui auraient à abandonner la ligne directe.

A cette perte de temps s'ajouterait celle résultant de l'accom-

---

(1) Il semble du moins que l'on doive interpréter ainsi, surtout par opposition avec la disposition précédente, le quatrième paragraphe de l'article 79 de la Convention de 1903 : « Les bateaux qui doivent toucher aux ports de la Perse pour y débarquer des passagers ou des marchandises pourront faire ces opérations à Bender-Bouchir ».

plissement des mesures sanitaires, de sorte que l'arrêt, soit à Ormuz, soit à Henjam, représenterait en tout cas pour chaque bâtiment une prolongation de la durée actuelle du parcours variant de trois à vingt heures. Il en résulterait pour tous les navires et particulièrement pour ceux de la British India qui, au nombre de deux par semaine, assurent, ainsi que nous l'avons vu, les communications entre l'Inde et le Golfe, un sérieux impedimentum et une notable dépense. Quant aux bateaux à voiles qui représentent la grande majorité des bâtiments naviguant dans le Golfe Persique et dont la marche est subordonnée à des conditions atmosphériques variables, ils se trouveraient le plus souvent dans l'impossibilité de changer leur direction à moins de subir une perte de temps qui ne serait plus de quelques heures mais de plusieurs jours.

Il semble que dans la conception du système élaboré en 1897 et repris en 1903, on ait obéi à cette idée que la contagion pouvait venir uniquement des Indes ou tout au moins de l'extérieur du Golfe. Pour conjurer ce danger et protéger non seulement les côtes de Perse et d'Arabie mais aussi l'Irak-Arabie et la Mésopotamie, terme final du problème, il a donc paru suffisant d'établir une barrière à l'entrée du Golfe et de ne l'ouvrir qu'à bon escient. C'est là une idée intéressante à certains égards mais *très théorique, de même que les mesures qui en découlent*.

Si les Indes constituent pour le choléra et la peste un redoutable foyer, ces maladies peuvent avoir d'autres origines et emprunter pour gagner la Perse ou la Mésopotamie d'autres voies que la grande route maritime que l'on s'est seule préoccupé de surveiller. N'avons-nous pas vu la terrible épidémie de choléra partie de La Mecque en 1902, gagner l'Égypte où elle a fait en quelques mois 60.000 victimes, pénétrer ensuite en Palestine par Jaffa, s'étendre en Syrie, puis revenant en arrière, passer en Mésopotamie et de là en Perse où elle a causé de grands ravages, et enfin en Russie et en Allemagne d'où elle menace actuellement la France. S'il était descendu jusqu'au Golfe Persique (et il n'est pas prouvé que les petites épidémies dont il sera question plus loin n'aient pas leur origine première dans celle dont nous venons d'indiquer la marche générale), le choléra eût trouvé des ports sans défense sanitaire parce que l'on aurait uniquement compté pour les protéger sur le lazaret d'Ormuz qui se serait, dans cette éventualité, montré inutile.

Bassorah
Mohammerah
Fao
Koveit
GOLFE
El
Hasa
El. Katif
NEDJD
El Riad
El Hafkouf
El. Be
N
El Hadjäz

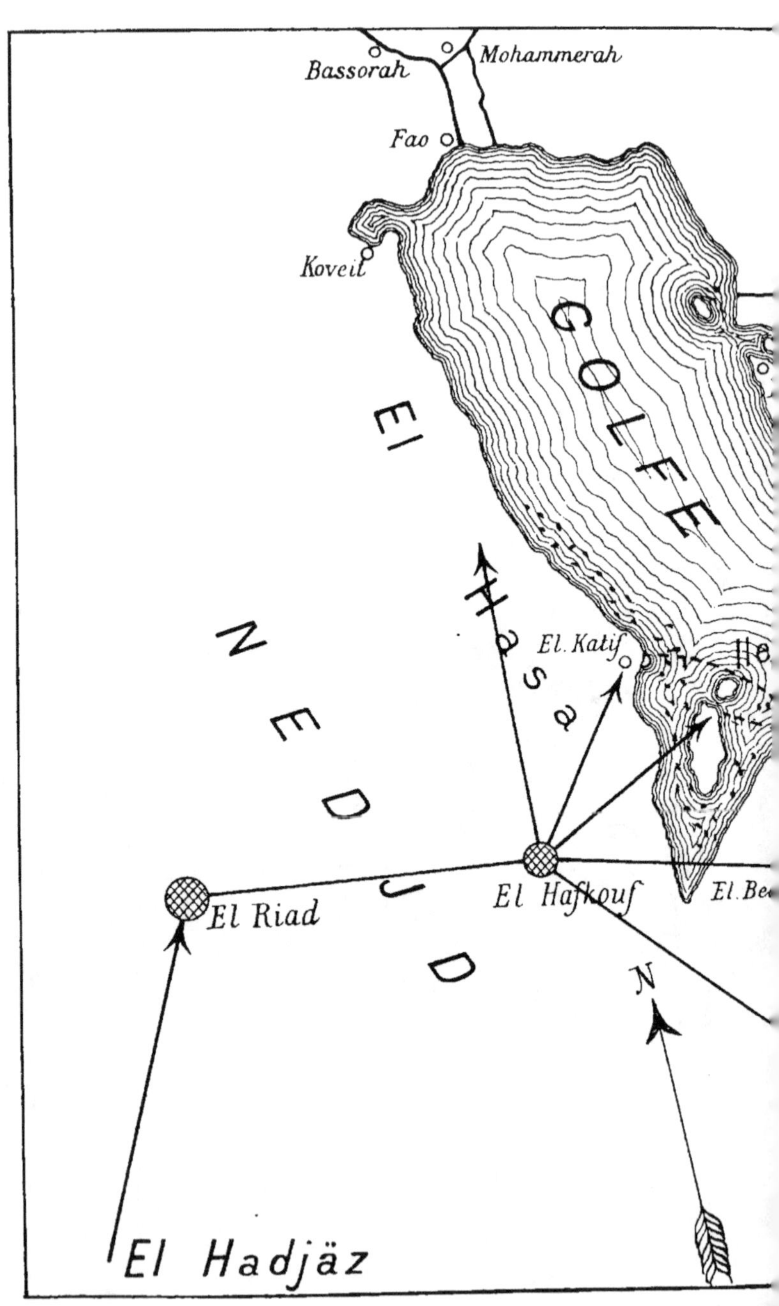

(D'ap

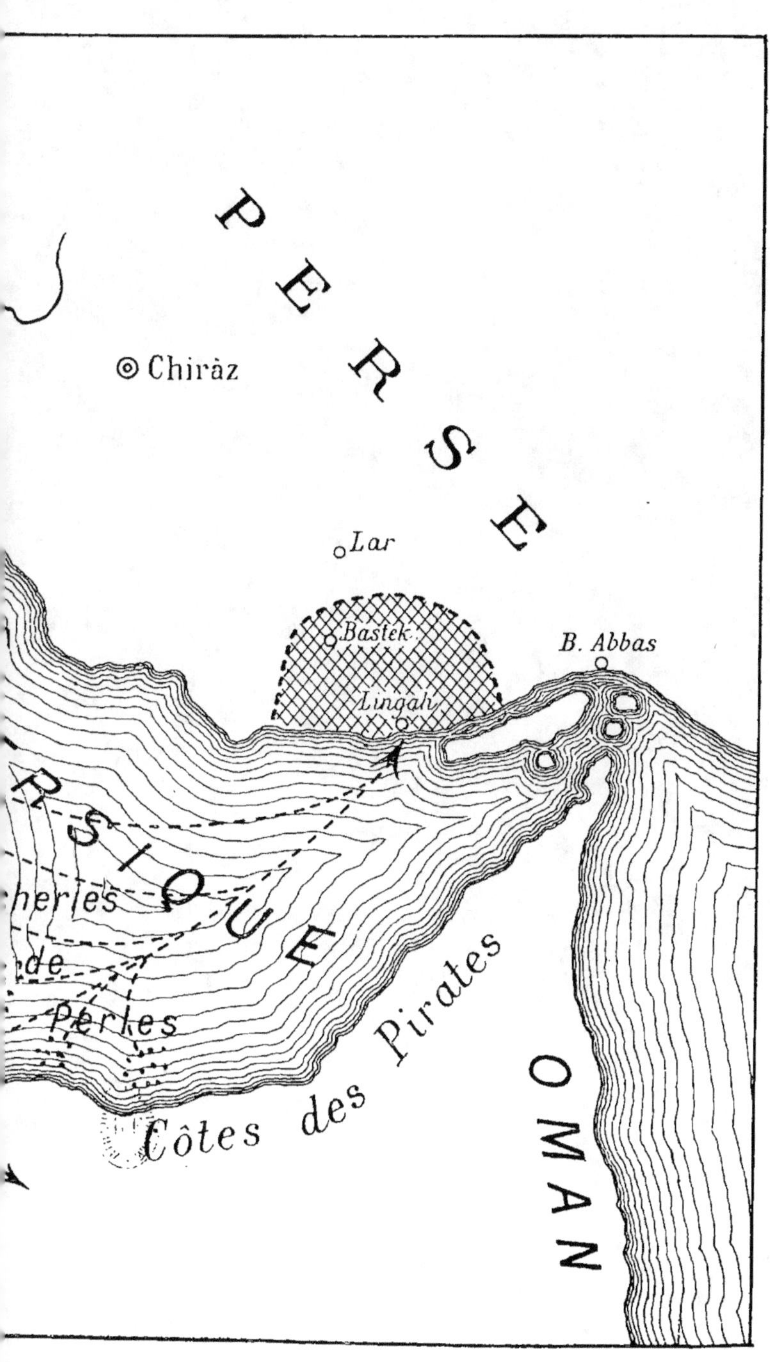

PERSE
⊙ Chiràz
Lar
Bastek
Lingah
B. Abbas
PERSIQUE
cheries
de
Perles
Côtes des Pirates
OMAN

En tout cas des circonstances se sont produites où la peste et le choléra ont apparu dans ces ports et dans les localités environnantes sans y avoir été apportés (au moins directement) par des bateaux venant de l'Inde et d'autres pays étrangers. Quatre épidémies, dont nous devons la relation à M. le Dr Bussière, fournissent à cet égard des exemples probants. Nous résumerons brièvement les faits observés en partie par notre distingué confrère dont on trouvera le rapport en annexe du présent travail :

1° L'épidémie de peste de Lingah a pris naissance vers le 18 avril 1904 chez les trieurs d'écailles d'huîtres perlières. Ces écailles sont apportées de la côte arabe d'El-Hasa, au voisinage de Bahrein, par les indigènes qui les ont pêchées et qui se sont trouvés en contact avec les gens du pays de Riad où aurait existé un foyer de peste. En peu de jours la maladie se répandit parmi les habitants de Lingah qui, en fuyant, la portèrent jusque sur les plateaux de Laristan, à Basteck et peut-être même à Lar. Il y eut à Lingah de 15 à 20 décès par jour en mai, un peu moins en juin ; puis l'épidémie décrut progressivement pendant les mois torrides de juillet et d'août où elle cessa.

2° Au printemps de 1904 le choléra sévissait à Bahrein; les provenances de cette région étaient frappées de quarantaine dans tous les ports persans. En dépit de cette prescription que le service sanitaire n'était pas en mesure de faire observer, une embarcation à voiles venant de Bahrein aborda pendant la nuit à Bouchir le 15 mai 1904 et débarqua un certain nombre de passagers qui se rendirent dans les faubourgs de Djabri et de Zulmabad. Deux jours après, le choléra se déclarait parmi ces gens, atteignant onze personnes. Deux des bateliers, arrêtés mais trop tard, moururent à la station sanitaire de Bouchir. Une vieille femme qui, effrayée par ces décès, s'était enfuie dans le Khanat de Rou-Hillai, à 45 kilomètres au N. de Bouchir, y fut atteinte du choléra et mourut ainsi que plusieurs personnes de son entourage. La maladie se répandit dans le village, puis dans la région voisine d'où elle gagna Daliki, Borazjoun et enfin Chiraz. Cette épidémie fut très meurtrière.

3° Une seconde épidémie de choléra, partie de la côte arabe vers la fin de juin, gagna l'île de Gaïs et le port de Tcharak à l'O. de Lingah.

4° Le choléra se montra également en août et septembre à Kardjah et Debay, sur la côte des Pirates, dans l'Oman, coïncidant avec le retour des embarcations qui revenaient des bancs de pêche de perles.

À Tcharak, à l'île de Gaïs, comme sur la côte des Pirates, ajoute M. le Dr Bussière, vit une population nomade de pêcheurs qui, par ses voyages incessants de l'une à l'autre rive du Golfe, se prête tout particulièrement à la propagation des épidémies. Les faits de 1903-1904 doivent donc s'être répétés assez souvent.

Rappelons, comme le fait ensuite le Dr Bussière, que les habitants d'Ormuz, d'Henjam, de certaines parties de l'île de Tawilah, et d'autres encore émigrent pendant la saison chaude et se rendent soit dans la vallée de Minab, soit dans l'Oman, pour s'employer aux travaux agricoles.

C'est encore, fait observer notre confrère, un danger de dissémination très réel des germes morbides épidémiques.

Ainsi, on a vu se produire récemment sur quatre points du Golfe Persique des épidémies de peste et de choléra dont l'origine immédiate se trouvait dans le Golfe lui-même. En quoi, si elle eût fonctionné, l'organisation prévue par la Convention de 1903 les eût-elle empêchées? En quoi l'existence à Ormuz d'une station et d'un matériel sanitaires eût-elle été un obstacle à la transmission de la peste et du choléra de Bahrein à Lingah, à Bouchir, à Gaïs et à Debay?

Est-ce à dire que le lazaret projeté soit totalement inutile?

Non, mais il est regrettable que par une assimilation trop théorique entre la mer Rouge et le Golfe Persique, on ait voulu rendre applicables à celui-ci certaines mesures qui ne pouvaient être utilement prises que dans celle-là et qui étaient motivées par des conditions très différentes (1). De là cette conception *a priori* séduisante d'arrêter à la fois à l'entrée du Golfe navires et maladies, et cette disposition en vertu de laquelle les bâtiments seraient

---

(1) Dans un article déjà cité, M. le Dr Bouet fait ressortir que les mesures judicieusement prises à Camaran à l'égard des navires à pèlerins ne sauraient avoir leur équivalent dans celles que l'on voudrait imposer à Ormuz aux bâtiments ordinaires de commerce.

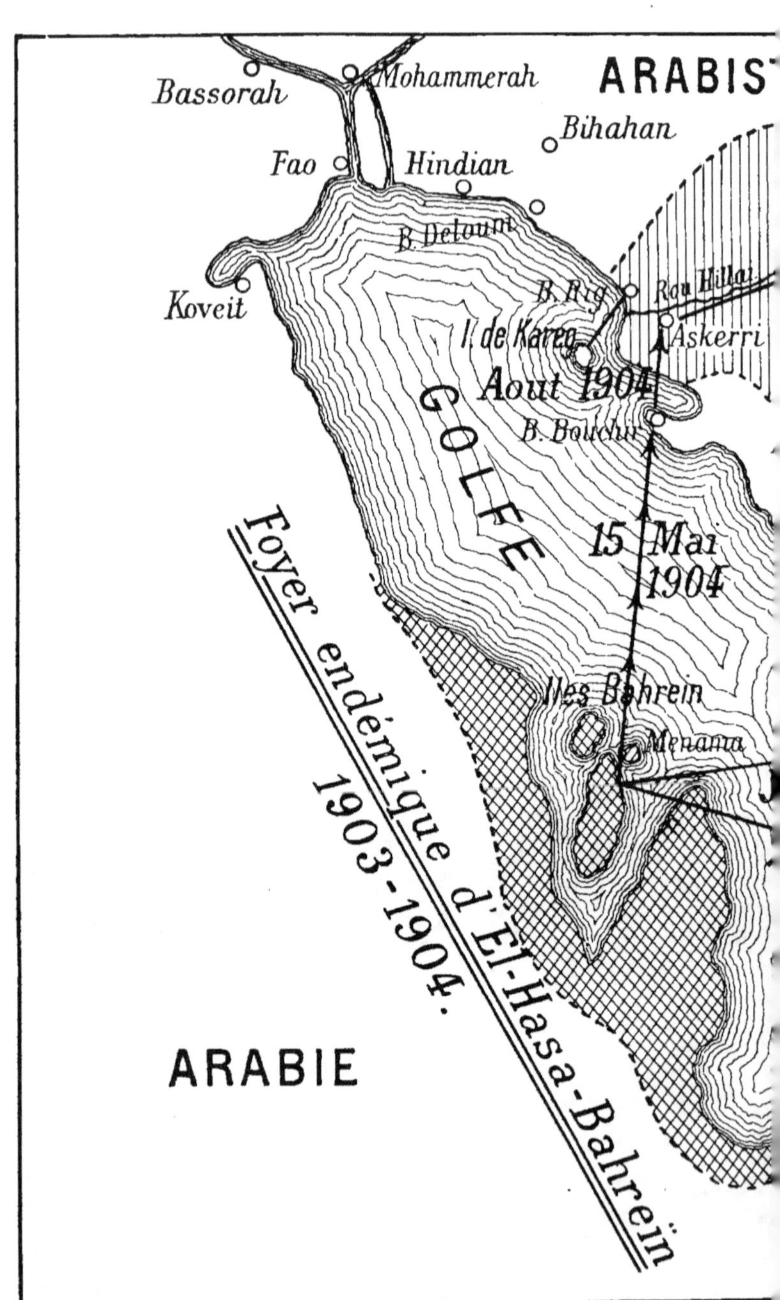

Bassorah
Mohammerah
ARABIS
Bihahan
Fao
Hindian
B. Delouni
Koveit
B. Rig
Rou Hillai
I. de Kareg
Askerri
Aout 1904
GOLFE
B. Bouchii
15 Mai 1904
Iles Bahrein
Menama
Foyer endémique d'El-Hasa-Bahreïn 1903-1904.
ARABIE

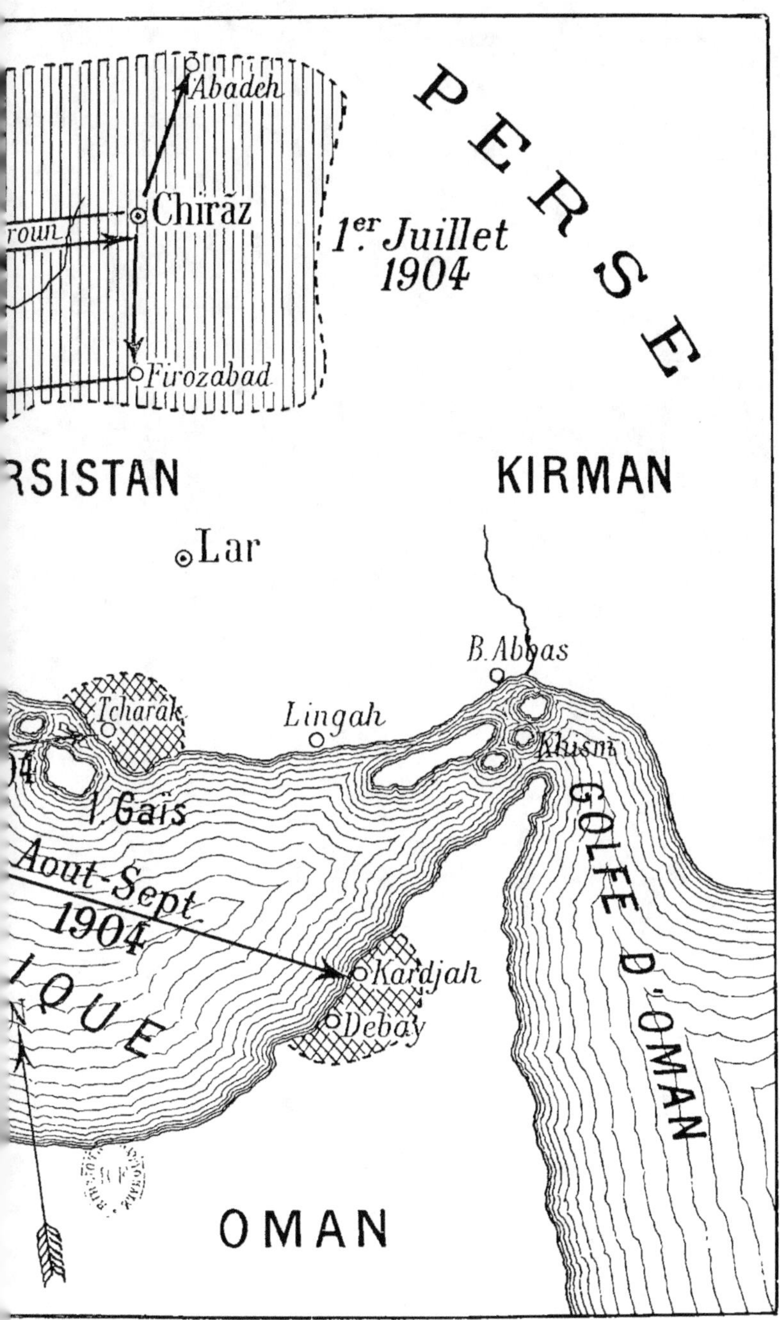

PERSE
Abadeh
Chirãz
roun
1er Juillet 1904
Firozabad
RSISTAN
KIRMAN
Lar
B. Abbas
Tcharak
Lingah
Khisni
Gaïs
GOLFE D'OMAN
Aout-Sept. 1904
Kardjah
IQUE
Debay
OMAN

GOLFE PERSIQUE EN 1904

accompagnés par des gardes depuis Ormuz jusqu'à Bassorah, tout comme s'il s'agissait d'aller de Suez à Port-Saïd. Notre conviction absolue appuyée sur les considérations exposées plus haut est donc que le système adopté est à la fois *inefficace* et *irréalisable* et nous sommes fort tenté de croire que si les Anglais, avec leur esprit pratique, leur souci constant de sauvegarder les intérêts de leur navigation, n'ont pas protesté plus énergiquement contre les impedimenta devant résulter de cette réglementation, c'est qu'ils ont pensé que, pour un motif ou un autre, elle ne serait jamais appliquée.

Il était en effet permis de supposer que les conditions prévues par les Conventions pour l'organisation des stations sanitaires dans le Golfe ne se réaliseraient pas et que la question des crédits notamment rencontrerait toujours des obstacles, en dépit des précautions prises par les Conférences pour la résoudre au mieux des intérêts de tous (1). Or, les Conférences n'ont eu en vue (c'était leur rôle) que les intérêts sanitaires avec lesquels ne concordent généralement pas les intérêts politiques.

Si, au point de vue géographique, le Golfe Persique constitue une région homogène, au point de vue politique il marque une division entre deux Puissances. Si elles ne parvenaient pas à s'entendre pour une action commune, ne serait-il pas plus rationnel que chacune d'elles instituât les moyens de défense nécessaires à sa sécurité, sans attendre d'un accord dont il faudrait peut-être désespérer de voir la réalisation, les bons effets que les Conférences ont souhaités? L'œuvre de celles-ci n'aurait cependant pas été vaine, car c'est grâce à l'influence exercée par le concert des Puissances, aux directions données par elles, que ce but serait atteint.

Comment dès lors comprendre la défense sanitaire du Golfe? Comme on la comprend en Europe et en France en particulier, c'est-à-dire en proportionnant les ressources sanitaires des ports à leur importance commerciale, en n'en permettant l'accès aux navires que dans la mesure où leur admission serait exempte d'inconvénients, en dirigeant sur un lazaret les bâtiments jugés dangereux, mais ceux-là seulement et non, comme le prévoit la Convention de 1903, tous les bâtiments entrant dans le Golfe.

---

1 Voir au chapitre III les dispositions arrêtées à cet égard.

La Perse et la Turquie se trouveraient ainsi dans des conditions identiques : chacune surveillerait ses côtes et aurait son lazaret, la première à Henjam, la seconde au Fao(1).

Hâtons-nous de dire cependant que nous ne faisons pas une assimilation entre les ports du Golfe Persique et ceux de l'Europe, pas plus que nous ne considérons comme identiques les conditions générales de la navigation dans ces régions si différentes. Les ports du Golfe avec leur organisation rudimentaire offrent un terrain favorable à la propagation des épidémies; les voyageurs, qui sont en presque totalité des indigènes, sont, par leur ignorance de toute notion d'hygiène, leur malpropreté, leur insouciance, leur fatalisme, les propagateurs par excellence des germes morbides; les pèlerins en particulier, confondus le plus souvent avec les voyageurs ordinaires, présentent au maximum ces conditions défectueuses. Loin de nous donc la pensée de proposer à l'égard des navires qui parcourent le Golfe des mesures en tout semblables à celles qui sont en usage dans les pays civilisés. Nous avons voulu seulement exprimer cette idée que, tout en adoptant des dispositions en rapport avec ces conditions spéciales, il serait préférable d'organiser la défense sanitaire du Golfe d'après les principes en usage en Europe et dont les résultats ont prouvé la valeur, que d'y soumettre la navigation à des mesures dont nous croyons avoir montré la difficulté (pour ne pas dire l'impossibilité) d'application.

Quant aux localités indiquées pour l'installation des lazarets, Henjam et Le Fao, nous ne nous dissimulons aucun des inconvénients qu'elles présentent, Henjam surtout. Mais nous n'avons pas cru qu'il nous fût permis de faire entièrement table rase des dispositions adoptées par les Conférences et c'est pourquoi nous avons cherché à concilier le système de 1894 avec celui de 1897, repris en 1903.

Voyons donc quel serait dans ses grandes lignes le service sanitaire tel qu'il semble pouvoir être organisé : Il comprendrait, tant en Perse qu'en Turquie, des « stations sanitaires »

---

(1) Voir au sujet des conditions que présente le Fao les renseignements contenus pages 11 et 12.

pour l'admission des navires indemnes, et un «lazaret» sur lequel seraient dirigés les bâtiments suspects ou infectés ainsi que ceux à l'égard desquels il y aurait lieu de prendre des précautions spéciales, tels que les bateaux de pèlerins. Ces établissements seraient pourvus d'un personnel et d'un matériel en rapport avec les besoins à satisfaire. La réglementation appliquée aux navires serait conforme aux prescriptions de la Convention de 1903.

A. Stations sanitaires. — La Convention de 1894 avait prévu la création dans les principaux ports de « postes sanitaires » Ce sont ces postes que nous appellerons « stations sanitaires » (en attachant à ce mot un sens extensif au point de vue de l'importance dudit organisme) dont nous considérons l'établissement comme indispensable à Bender-Abbas, à Lingah, à Bender-Bouchir, et à Mohammerah pour la Perse ; à Mascate, à Debay, à Menama, à Koveit et à Bassorah pour l'Arabie et l'Irak-Arabie (1). Elles existent d'ailleurs, nous l'avons vu, à l'état rudimentaire, sur la plupart de ces points.

Chaque station se composerait :

a) de plusieurs constructions destinées à l'isolement des passagers, dont l'une comprendrait une cuisine pour les européens,

b) d'une installation sommaire de bains,

c) d'une infirmerie,

d) d'appareils permettant de procéder à la désinfection des vêtements, tapis et bagages, tels que étuve, pulvérisateurs, cuves pour l'emploi de liquides antiseptiques, fourneaux à soufre, etc. Le tout serait clos de murs. L'habitation du médecin serait adjacente à l'établissement, de manière à permettre à celui-ci d'exercer une surveillance constante.

Le personnel se composerait d'un chef de service, docteur en médecine, qui serait assisté d'agents supérieurs et subalternes de la

---

(1) La Convention de Paris (1894) avait également prévu la création d'un poste sanitaire à Gwadar, au sud du Bélouchistan. Cette création est désirable.

santé chargés de maintenir l'ordre parmi les personnes en observation, de prendre ou de faire exécuter les mesures sanitaires.

Le rôle du médecin, chef du service, serait des plus importants : il s'assurerait par l'intermédiaire de ses agents que tous les navires entrant dans le port sont en règle avec les prescriptions concernant la santé et procéderait à une visite médicale de ces bâtiments toutes les fois que la provenance ou les conditions particulières qui lui seraient signalées l'exigeraient. Il délivrerait et viserait, à défaut de consuls, les patentes de santé, en y mentionnant l'état sanitaire de sa résidence et des régions voisines au sujet duquel il lui appartiendrait de se tenir informé. Enfin ce médecin ne serait pas seulement chef du service de santé d'un port, mais il aurait dans ses attributions la surveillance sanitaire des côtes s'étendant de chaque côté de ce port jusqu'à un point déterminé à partir duquel cette surveillance incomberait au chef du service de santé du port voisin. En fait cette surveillance, qui n'aurait à s'exercer que sur des samboucks ou de petites embarcations, serait assurée par les agents des douanes persanes relevant à ce point de vue spécial des médecins de la santé.

Sur la côte arabique où il n'existe pas (nous le croyons du moins) de service de douane, la surveillance laisserait plus à désirer, mais la police sanitaire serait exercée d'après les mêmes dispositions générales.

Cette organisation, dont nous nous bornons à indiquer les grandes lignes, est calquée sur celle de notre service français ; elle est simple et elle aurait l'avantage d'utiliser dans la mesure possible, mais à condition de l'améliorer considérablement ou pour mieux dire de le transformer, le service actuel qui est illusoire.

B. LAZARETS. — Ces établissements comprendraient :

a) des bâtiments d'isolement qui devraient être confortables en ce qui concerne les passagers de première et de seconde classe,

b) des bains,

c) un hôpital composé de deux pavillons au moins dont l'un affecté aux passagers de première et de seconde classe,

d) un bâtiment de désinfection, avec étuve, pulvérisateurs, appareil de dératisation, etc.,

e) un laboratoire de bactériologie,

f) une salle d'autopsie et un dépôt mortuaire,

g) une maison pour les médecins avec une lingerie et un magasin général,

h) des habitations pour les gardes.

Le personnel comprendrait :

a) deux médecins; un seul résiderait habituellement au lazaret, l'autre remplacerait son collègue ainsi que les médecins des stations sanitaires durant les congés qu'il importe de prévoir en raison de la rigueur du climat ;

b) des agents supérieurs de la santé (officiers de santé),

c) un mécanicien chargé du fonctionnement des appareils de désinfection,

d) des agents subalternes de la santé (gardes).

C. RÉGLEMENTATION SANITAIRE. — Cette réglementation serait, comme nous l'avons dit, conforme aux dispositions arrêtées en 1903 ; elle supposerait cependant, ainsi qu'il résulte des considérations qui précèdent, une modification du texte actuel. Il nous paraît que la manière la plus pratique et la plus concise à la fois d'exposer les mesures applicables aux diverses catégories de navires et de passagers, consisterait à les présenter sous la forme adoptée par la Convention de Paris dont nous nous sommes inspiré autant qu'il nous a été possible.

SECTION VI. — *Régime sanitaire applicable au golfe d'Oman et au Golfe Persique.*

ART. 79. — Tout navire entrant dans le golfe d'Oman ou le Golfe Persique et se trouvant dans les conditions indiquées aux articles 21, 22, 24, 26 et 27 (1) (Titre I, chapitre II, section III) ou affecté d'une façon spéciale au transport des pèlerins (art. 30), doit se rendre directement au lazaret soit d'Henjam, soit du Fao suivant sa destination, pour y être soumis au régime prévu par les dits articles.

Toutefois, la surveillance des passagers et de l'équipage est toujours remplacée par une observation de même durée, et, en ce qui concerne les navires suspects, le délai de cinq jours pour l'observation de l'équipage et des passagers compte à partir du moment où il n'existe plus de cas de peste ou de choléra à bord.

---

(1) C'est-à-dire infecté ou suspect de peste (art. 21 et 22), de choléra (art. 26 et 27) à bord duquel les rats ont été reconnus pesteux après examen bactériologique ou présentent une mortalité insolite (art. 24).

Art. 80. — Tout navire entrant dans le golfe d'Oman ou le Golfe Persique et se trouvant dans les conditions indiquées aux articles 23 et 28 (1), peut être directement admis dans tous les ports du Golfe pourvus d'une station sanitaire, mais dans ceux-là seulement.

Toutefois, le navire ne peut recevoir la libre pratique qu'à la condition d'avoir complété cinq jours pleins à partir du moment de son départ du dernier port contaminé, et la surveillance des passagers et de l'équipage est remplacée par une observation de même durée. L'autorité sanitaire reste juge des cas où des passagers pourraient être exceptionnellement autorisés à accomplir cette observation dans leur propre domicile.

Tout navire arrivant dans un port pourvu d'une station sanitaire mais se trouvant dans des conditions considérées comme suspectes par l'autorité sanitaire de ce port, peut être dirigé par elle sur le lazaret le plus voisin, quelle que soit la nature de sa patente.

Tout navire qui a reçu la libre pratique dans un lazaret ou un port pourvu d'une station sanitaire peut, sauf dans le cas prévu au paragraphe précédent, être admis dans tous les ports du Golfe quelle que soit la nature de sa patente (2).

Art. 81. — Tout navire entrant dans le Golfe Persique à destination *directe* du Chat-el-Arab, est tenu, quelle que soit la nature de sa patente, de s'arrêter au lazaret du Fao où il est soumis à des mesures en rapport avec son état sanitaire, conformément aux dispositions des articles 21, 22, 23, 24, 25, 26, 27, 28, 29 et 30 de la présente Convention.

Toutefois, les passagers des navires indemnes ne sont pas débarqués et c'est aux stations sanitaires de Bassorah ou de Mohammerah qu'ils complètent leur observation dans les conditions prévues au paragraphe 2 de l'article précédent. Des gardes accompagnent, s'il y a lieu, le navire jusqu'à Bassorah.

Section VII. — *Établissements sanitaires du golfe d'Oman et du Golfe Persique.*

Art. 82. — Des établissements sanitaires doivent être construits dans les conditions ci-après :

1° Sous la direction et aux frais du gouvernement persan,

a) un lazaret dans l'île d'Henjam ;

b) des stations sanitaires dans les ports de Bender-Abbas, Lingah, Bender-Bouchir et Mohammerah.

2° Sous la direction et aux frais du Conseil supérieur de santé de Constantinople,

a) un lazaret au Fao ;

b) des stations sanitaires dans les ports de Mascate, Debay, Ménama, Koveit et Bassorah.

---

(1) C'est-à-dire indemne de peste (art. 23) ou de choléra (art. 28).

(2) L'admission à la libre pratique suppose que le navire a complété cinq jours pleins à partir du moment de son départ du dernier port contaminé.

Cet article prévoit aussi implicitement le cas où un navire indemne (c'est-à-dire en bon état sanitaire mais de provenance contaminée) et à destination d'un port non pourvu d'une station sanitaire, rencontrerait un lazaret sur sa route. Il est bien évident qu'il pourrait se faire admettre à la libre pratique dans ce lazaret.

Les lazarets comprendront des bâtiments d'isolement pour les personnes en observation, des bains, un petit hôpital, des appareils pour la désinfection des navires et des bagages et pour la destruction des rats, un laboratoire de bactériologie. A chaque lazaret seront attachés deux médecins assistés d'agents sanitaires (officiers de la santé et gardes), en nombre suffisant.

Les stations sanitaires comprendront des bâtiments d'isolement pour les personnes en observation, une installation balnéaire sommaire, une infirmerie, un outillage pour la désinfection des vêtements et des bagages. A chaque station sera attaché un médecin assisté d'agents sanitaires (officiers de la santé et gardes) en nombre suffisant.

Chaque navire entrant dans le golfe d'Oman ou le Golfe Persique serait donc l'objet de mesures en rapport avec son état sanitaire : s'il était infecté, suspect ou affecté d'une façon spéciale au transport des pèlerins, il se rendrait dans un lazaret ; s'il était indemne (c'est-à-dire en bon état sanitaire quoique en patente brute de peste ou de choléra), il se rendrait directement dans des ports pourvus d'une station sanitaire, mais dans ces ports seulement ; si, au contraire, sa provenance n'inspirait aucune crainte, il pourrait entrer librement dans tous les ports.

Ce régime libéral serait infiniment plus favorable aux intérêts du commerce que celui auquel nous souhaitons de le voir substitué et il donnerait une sécurité plus grande puisqu'il multiplierait les moyens d'action et de contrôle du service sanitaire, tout en réduisant au minimum les inconvénients imposés à la navigation et conséquemment les tentatives faites en vue de s'y soustraire.

Tout en se rapprochant beaucoup des mesures appliquées en Europe, ces dispositions comportent « l'observation » des passagers se trouvant à bord des navires de provenance contaminée, que prévoit la Convention de 1903. Toutefois, une atténuation nous a paru nécessaire en faveur des passagers de classe, européens ou riches indigènes, qui pourraient être exceptionnellement autorisés (texte proposé, article 80) à accomplir la dite observation dans leur propre domicile. Cette disposition consacre, il est vrai, une inégalité de traitement entre ces passagers et les passagers ordinaires, mais n'est-elle pas justifiée par la différence absolue qui existe entre ces deux catégories de voyageurs ? Les premiers, peu nombreux du reste, ont des habitudes de propreté et d'hygiène et sont en conséquence infiniment moins aptes que les seconds à propager des germes morbides ; d'autre part, il est facile de s'assurer de leur état de santé après leur débarquement parce qu'ils ne peuvent passer inaperçus. Rien de semblable pour les passagers ordinaires, venant on ne sait d'où, voyageant entassés sur le pont ou l'entrepont dans une invraisemblable promiscuité, et dont on perdrait la trace aussitôt qu'ils auraient quitté le navire.

On voudra bien considérer que nous ne proposons pas d'appliquer aux passagers de classe la « surveillance » prévue dans les articles 23 et 28 et qui leur permettrait, comme en Europe, de continuer leur voyage : cette surveillance ne pourrait s'exercer ni en Perse, ni en Turquie. Nous demandons seulement «l'observation à domicile», ou au domicile des amis chez lesquels les voyageurs descendent, afin de leur éviter un séjour inutilement pénible dans les stations sanitaires qui, même transformées, resteraient peu confortables.

Nous ferons remarquer d'autre part que, tout en prévoyant pour les navires à destination directe du Chat-el-Arab un arrêt au lazaret du Fao où ils seraient l'objet des mesures réglementaires, nous proposons que, pour les navires indemnes, l'observation complémentaire des passagers ait lieu, non au lazaret mais à l'arrivée dans les stations de Bassorah ou de Mohammerah. La raison en est que si le temps nécessaire à l'exécution des diverses mesures prises au lazaret est moindre que la durée de l'observation imposée aux voyageurs, cette observation causerait un retard inutile au navire ou obligerait l'armement à assurer au moyen d'un autre bateau le transport des passagers depuis le Fao jusqu'à Bassorah ou Mahommerah. Il faudrait donc réserver l'observation au lazaret pour les cas où les bâtiments seraient infectés, suspects ou présenteraient une mortalité anormale des rats et seraient en conséquence l'objet de mesures qui, tout en ayant une durée plus longue, supposeraient, pour pouvoir être convenablement prises, le débarquement des passagers et de leurs nombreux bagages.

La réglementation que nous proposons (article 81) appelle encore une autre observation : la rive droite du Chat-el-Arab où se trouve Bassorah appartenant à la Turquie, et la rive gauche où se trouve Mohammerah appartenant à la Perse, on ne saurait obliger les navires à destination exclusive et, nous le répétons, directe, de ce dernier port à s'arrêter au lazaret ottoman du Fao qu'autant qu'une entente facile à réaliser interviendrait sur ce point limité entre la Turquie et la Perse. Cette entente serait assurément désirable pour la protection sanitaire de l'Irak-Arabie; mais, ne fût-elle pas conclue, la Turquie aurait toujours la possibilité de se défendre en

ne recevant à Bassorah que les navires arraisonnés au Fao; il est
d'autre part improbable qu'un navire à destination de Mohammerah
ne se soit arrêté auparavant dans aucun autre port persan du Golfe.

Nous ferons observer enfin que tout en supposant que la Perse
et la Turquie construiraient, chacune à ses frais, le lazaret et les
stations sanitaires placés sur leurs territoires respectifs et suppor-
teraient, chacune en ce qui la concerne, les dépenses de personnel
et d'entretien des dits établissements, nous admettons que les
navires à destination des ports de l'une ou l'autre Puissance
pourraient se rendre indistinctement au lazaret de Henjam ou à
celui du Fao, suivant qu'ils en seraient plus rapprochés. Il est à
prévoir en effet que le paiement de droits sanitaires indemniserait
dans une mesure suffisante l'établissement qui aurait prêté son
concours au navire présentant ces conditions dangereuses.

Il nous paraît également nécessaire d'entrer dans quelques expli-
cations au sujet du personnel de la santé, car les meilleures mesures
ne sont efficaces qu'autant qu'elles sont bien appliquées. Il serait
à désirer que les médecins qui auraient la direction des lazarets
et stations sanitaires et dont le rôle, tel que nous l'avons exposé
plus haut, serait si important, soient diplômés des universités
d'Europe. Ils pourraient rendre les plus grands services, non
seulement en ce qui concerne la protection sanitaire du littoral
mais au point de vue de *la diffusion des notions d'hygiène générale
et de l'assistance médicale*. Il faut espérer qu'ils rencontreraient
chez les fonctionnaires belges des douanes un concours inspiré par
les mêmes sentiments. Or, ce concours indispensable pour assurer
la police sanitaire des côtes devrait, en dehors des ports pourvus
d'un personnel et d'un matériel spéciaux, être exercé, comme en
France, en même temps que la surveillance douanière et par les
mêmes agents (1).

Il faudrait que, comme en France aussi, ces agents subalternes
fussent placés au point de vue sanitaire sous l'autorité des médecins,
sans que ceux-ci relèvent, comme actuellement, des fonctionnaires

---

(1) Cette surveillance serait exercée non seulement à terre, mais au moyen des gardes-
côtes qui sont administrés par les Douanes. Ces gardes-côtes, au nombre de deux, le
« Persepolis » et le « Mozaffer », vont être prochainement portés au nombre de sept. Le
médecin de Bouchir qui serait sans doute le chef de tout le service sanitaire maritime
persan, pourrait y prendre passage pour inspecter les établissements des ports.

supérieurs des douanes. Cela pourrait résulter de la création en Perse d'une direction de la santé publique avec budget indépendant, création à tous égards désirable. Mais, même dans l'hypothèse où le Ministère des douanes resterait chargé du service sanitaire, les attributions de chacun pourraient être déterminées de telle façon que les conflits soient évités.

Aux diverses considérations que nous avons exposées en faveur de la division du service sanitaire du Golfe en service persan et service ottoman, s'ajoute celle qui résulte de l'impossibilité où se trouve en fait le Conseil supérieur de santé de Constantinople d'exercer utilement son action en Perse. Tout internationale qu'elle soit, cette assemblée n'étend pas son autorité au delà du territoire ottoman et les multiples difficultés qui ont empêché jusqu'à ce jour la réalisation des dispositions élaborées par les Conférences, montrent que l'entreprise dépassait le pouvoir réel de ce conseil beaucoup moins puissant et indépendant que celui d'Alexandrie. Nous ne sommes pas davantage partisan, et pour les mêmes raisons, de confier la surveillance sanitaire de *tout* le Golfe Persique au Conseil de santé de Téhéran. Cette assemblée n'aurait pas plus d'autorité sur le service ottoman du Golfe que n'en aurait sur le service persan celle de Constantinople. Il appartient au contraire à chacune d'elles d'exercer son contrôle sur les stations respectivement situées dans les deux pays (1) et, ainsi comprise, cette organisation est de nature à inspirer une confiance d'autant plus grande que la présence de M. le Dr Schneider à la tête du Conseil de Téhéran est une garantie du bon fonctionnement du service en Perse.

Quant à l'Angleterre dont les intérêts dans le Golfe Persique sont si grands et la situation si importante, il semble qu'elle ne saurait méconnaître les avantages d'une organisation à laquelle elle pourrait coopérer effectivement et qui n'apporterait pas à son commerce les graves difficultés qu'entraînerait l'exécution (bien improbable il est vrai) de la réglementation actuelle.

Tels sont, Monsieur le ministre, les renseignements et obser-

---

(1) A la Conférence de Paris, en 1894, M. le comte de Kuefstein, délégué d'Autriche-Hongrie, avait fait en ce qui concernait les stations sanitaires de Perse une proposition semblable (voir page 51).

vations que j'ai pu recueillir et les conclusions qu'il m'a paru possible d'en tirer. Je m'estimerai heureux si la mission que votre Département a bien voulu me confier ne reste pas sans utilité pour la défense sanitaire du Golfe Persique.

Veuillez agréer, Monsieur le ministre, l'hommage de mon respectueux dévouement.

Paris, le 25 septembre 1905.

Dr P. FAIVRE.

CERTIFICAT

Il est certifié que pendant la dernière semaine antérieure au départ de ce port du steamer « Henzada », il s'est produit dans la ville et le port de Bombay 71 décès de peste, aucun cas de fièvre jaune et 7 cas de choléra ; il est déclaré par le bureau médical que ces maladies existent sous une forme sporadique et que la santé publique dans les environs laisse à désirer en raison de l'existence de la peste.

Le 18 octobre 1904.

Signature :

M.D.D.P.N.

Major de l'Indian medical service.

Ag : *officier sanitaire du port de Bombay.*

BOMBAY

PATENTE DE SANTÉ

(Bill of Health)

Il est certifié que le steamer « Henzada » naviguant sous pavillon de la British India et sous le commandement du capitaine Mac Lean, de 1.341 tonneaux, se dirigeant vers Kuratchee, avec un équipage de 93 personnes et 86 passagers et un chargement de marchandises diverses, est sur le point de quitter ce port dans des conditions sanitaires satisfaisantes, et qu'il n'existe aucun cas de maladie infectieuse, dangereuse pour la vie, parmi ses officiers, passagers ou équipage. Les passagers ont été examinés de jour, à terre, avant leur embarquement et trouvés indemnes de peste.

Il est en outre certifié que la ville et le port de Bombay sont actuellement indemnes d'épidémie de choléra, de fièvre jaune, et de toute autre maladie épidémique dangereuse, la peste exceptée.

Le 18 octobre 1904.

Signature :

M.D.D.P.N.

Major de l'Indian medical service.

Ag : *officier sanitaire du port de Bombay.*

OFFICE DE SANTÉ DU PORT DE KURATCHEE

CERTIFICAT

Il est certifié que durant la dernière semaine antérieure au départ de ce port du steamer « Henzada », il s'est produit dans la ville et le port de Kuratchee 11 décès de peste, et que la santé publique dans les environs est bonne. .

Fait à Kuratchee, le 22 octobre 1904.

Signature :

Officier de santé du port de Kuratchee.

OFFICE DE SANTÉ DU PORT DE KURATCHEE

PATENTE DE SANTÉ

(Bill of Health)

Il est certifié que le steamer « Henzada » naviguant sous pavillon de la British India et sous le commandement du capitaine Mac Lean, de 1.336 tonneaux, se dirigeant vers les ports du Golfe Persique, avec un équipage de 93 personnes et 151 passagers, la poste et un chargement de marchandises diverses, est sur le point de quitter ce port dans des conditions sanitaires satisfaisantes et qu'il n'existe aucun cas de maladie infectieuse, dangereuse pour la vie, parmi ses passagers, officiers ou équipage qui ont été examinés de jour, à terre avant leur embarquement et trouvés indemnes de peste ; et que les vêtements, la literie et les objets suspects appartenant aux asiatiques et aux africains, faisant partie de l'équipage ou employés comme servants, et aux passagers de troisième classe et de pont, ont été convenablement désinfectés à terre.

Il est en outre certifié que la ville et le port de Kuratchee sont actuellement indemnes d'épidémie de choléra, de fièvre jaune et de toute autre maladie dangereuse, la peste exceptée.

Fait à Kuratchee, le 22 octobre 1904.

Signature :

Officier de santé du port de Kuratchee.

———

Moi major H. G. Gray, consul de Sa Majesté Britannique à Mascate, certifie par la présente que le steamer « Henzada », dont le capitaine Mac Lean est le commandant, naviguant avec 92 officiers et matelots et ayant à bord 33 passagers, en tout 125 personnes, quitte ce port de Mascate en quarantaine se dirigeant sur Bouchir.

Je certifie en outre que la santé publique est bonne dans cette ville et la région adjacente, sans aucune suspicion de peste ou d'une maladie contagieuse épidémique quelconque.

En foi de quoi j'appose ici ma signature et le sceau de l'office de Mascate, le 25 octobre 1904.

25/10 1904.
Sceau.

Signature :

GRAY, major.
Consul de Sa Majesté Britannique à Mascate.

———

CERTIFICAT SANITAIRE

———

Il est certifié que :

1° à ma connaissance il n'y a aucune maladie infectieuse régnant à Bender-Abbas ;

2° autant que je peux le savoir, il n'existe pas de maladie infectieuse à bord du steamer « Henzada » ;

3° le steamer « Henzada » est placé en quarantaine de 10 jours jusqu'au premier novembre 1904.

Bender-Abbas.
28/10 04.

Signature :

Officier médical de la quarantaine à Bender-Abbas.

CERTIFICAT SANITAIRE

Il est certifié que :

1° à ma connaissance, il n'y a aucune maladie infectieuse régnant à Lingah ;

2° autant que je peux le savoir, il n'y a pas de maladie infectieuse à bord du steamer « Henzada » ;

3° le steamer « Henzada » est placé en quarantaine pour dix jours jusqu'au premier novembre 1904.

A Lingah, 30 octobre 1904.

Signature :

Officier médical de la quarantaine à Lingah.

Il est certifié que la santé publique à Bahrein est bonne et qu'aucune maladie de nature épidémique ne sévit dans la ville ou les faubourgs.

Bahrein, le 31 octobre 1904.

p. p. GRAY Paul and Cᵒ.

Signature :

Agent.

CERTIFICAT SANITAIRE

Il est certifié que :

1° à ma connaissance, il n'y a aucune maladie infectieuse régnant à Bouchir ;

2° autant que je peux le savoir, il n'y a pas de maladie infectieuse à bord du steamer « Henzada » ;

3° le steamer « Henzada » est admis en libre pratique.

Fait à Bouchir, le 2 novembre 1904.

Signature :

Officier médical de la quarantaine à Bouchir.

Extrait d'une note adressée le 17 juillet 1897 au Conseil supérieur de santé de Constantinople par MM. les docteurs Campo-Sampietro et Tjelepis, chargés d'une mission sanitaire dans le Golfe Persique.

Ras-Jask est un cap bas, sablonneux, avec quelques parties rocheuses, d'une superficie de deux milles carrés environ, dont la moitié sud appartient au Gouvernement des Indes anglaises qui y installa depuis quelques années une station télégraphique remarquable sous tous les rapports. Les limites de cette propriété, marquées à l'aide de bornes en fonte qu'un double câble réunit entre elles, sont exactement déterminées.

L'autre moitié du cap (partie nord) présente un sol plus accidenté que la précédente, en raison de l'énorme quantité de sable que les vents ne cessent de déplacer en créant des ravins assez larges et profonds. Cette circonstance nous porte à croire que toute construction en pareille localité, serait, non seulement coûteuse, mais en même temps d'un entretien problématique.

Jask n'offre absolument rien d'intéressant ; on voit encore sur une falaise basse à proximité du cap, une vieille tombe d'un saint musulman, appelé Chéik Saayed ; un peu plus haut une masure destinée au gouverneur ayant pour voisine la bicoque de l'agent de la Cⁱᵉ British India, et une vingtaine de huttes, appartenant à des indigènes qui vivent uniquement de la pêche au filet. Jask est recouvert sur quelques points d'herbes grossières, si bien que, en dehors de la station télégraphique où l'on peut voir une tentative de culture faite avec persévérance, ce cap ne possède qu'une dizaine de palmiers petits et chétifs.

Le commerce est nul à Jask en sorte que les bateaux de la Cⁱᵉ British India n'y touchent que tous les quinze jours et encore n'y viennent-ils que pour donner et recevoir la correspondance du personnel télégraphique.

La côte, à l'E. de Ras-Jask, court 9 milles au N.-E.-E. à partir de l'extrémité du cap et forme une baie profonde dont la partie E. porte le nom de Ras-Zegin. C'est une pointe basse, à 16 milles au S.-E. du premier cap et tout à fait saine. On trouve ici, à moins de 2 milles de la côte, une profondeur de 36 à 55 mètres et sur la côte O. de Zegin il y a une petite crique appelée Khor-Lash.

Quant à la baie de Jask, elle est située à l'O. du cap d'où la côte court au N.-N.-E. durant 4 milles et finit à l'entrée d'une petite crique dont la barre est presque à sec, à mer basse. Cette crique court 2 milles au S.-E. et de là tourne au N. ; la terre est partout marécageuse. De cette crique le rivage se courbe vers le N.-O. et l'O.. Les indigènes désignent cette baie sous le nom de Bender-Masku.

En ce qui concerne le mouillage, les bateaux qui ne restent que quelques heures à Jask ont l'habitude d'ancrer à un mille au N.-N.-O. de la tombe, mais s'ils ont l'intention de rester davantage et de communiquer avec la terre, ils mouillent à 4 milles au N.-N.-O. de la pointe.

Quand le vent souffle du N.-O. (shemal), les navires sont forcés de chercher un abri à l'E. de la pointe, par 11 mètres de fond à un quart de mille au large en face de l'extrémité sud d'une longue ligne de falaises basses, sauf à venir de l'autre côté de la pointe (soit dans l'O.) s'il survenait un coup de vent, ainsi qu'il arrive fort souvent pendant l'hiver.

Le climat de Jask est très chaud et l'humidité excessive.

On ne peut se procurer que peu de choses dans le village qui est situé à 6 milles de distance du cap; aussi le nombreux personnel de la station télégraphique anglaise attend-il toujours avec impatience l'arrivée des steamers provenant de Bombay pour avoir des fruits et légumes.

Nous ajouterons que, malgré les grandes dépenses faites par le Gouvernement des Indes pour se procurer de l'eau potable, celle-ci est rare et de mauvaise qualité.

Pendant notre séjour à Jask nous avons constaté que toutes les citernes, construites spécialement par la compagnie télégraphique, étaient à sec en raison de la quantité insuffisante de pluie tombée l'hiver dernier.

EXTRAIT DU RAPPORT PRÉSENTÉ EN 1897 AU CONSEIL SUPÉRIEUR DE SANTÉ DE CONSTANTINOPLE PAR M. LE DOCTEUR CAMPO-SAMPIETRO, CHARGÉ D'UNE MISSION SANITAIRE DANS LE GOLFE PERSIQUE.

Ile d'Ormuz: aride, déserte et de forme circulaire avec une pointe basse à l'extrémité nord. Située presque en face de Bender-Abbas, à la distance de dix milles maritimes, Ormuz mesure quatre milles de longueur et de largeur, et est couverte de collines, sauf une plaine de un mille de largeur, en moyenne, au N. et à l'E. Ces collines sont d'une hauteur uniforme, 90 mètres environ, très découpées ou dentelées, avec des couleurs tranchées comme rouge, violet, etc.; tandis que dans le milieu, quelques pics blancs paraissant comme couverts de neige, s'élèvent beaucoup au-dessus de la masse générale.

Le plus élevé parmi ces derniers a une longue pointe à l'E., d'une hauteur approximative de 200 mètres et se trouve près du centre de l'île, à 2 milles et demi au sud du fort. Les collines, à l'exception des remarquables pics blancs, sont toutes couvertes de sel gemme, avec une légère incrustation de terre par-dessus. Il y a aussi au S. et au S.-E., près de la mer, une chaîne de collines où il n'y a pas de sel.

Partout où le sol sablonneux commence à diminuer, les pierres abondent; aussi la végétation fait-elle absolument défaut à Ormuz où toute culture est inconnue (1) et où, à part quelques arbres de la famille du cèdre, la vue ne peut d'aucune manière se reposer.

Le fort portugais est situé sur la pointe extrême O.-N.-O. de l'île. La partie la plus élevée a 14 mètres de hauteur. Construit en 1515 sous Alphonse d'Albuquerque, par les Portugais, qui le rendirent aux Persans et aux Anglais en 1622, ce fort, qui est de forme quadrangulaire, garde encore sur quelques points un large fossé aujourd'hui presque comblé, en travers de l'isthme qui le reliait jadis à la ville. On remarque sur ce fossé les restes d'un pont; les trois autres faces sont fortement minées par l'action de la mer. Ce fort qui est bastionné et casematé sous les remparts, conserve encore quatre canons; les six autres ont été transportés sur la plage où ils servent à amarrer quelques bateaux. Il y a dans le fort trois grands réservoirs d'eau (2) que les habitants d'Ormuz pourraient utiliser moyennant une modique dépense (3). Les deux premiers ont une profondeur de 5 mètres sur une superficie carrée de 50, et leur toiture repose sur six piliers de pierre de taille admirablement conservés. Le village actuel d'Ormuz est situé au nord de l'île, entre les ruines de l'ancienne ville et le fort portugais mentionné ci-dessus. Le village compte à peu près 200 huttes en nattes donnant asile à une population approximative de mille habitants, dont la plupart de religion chiite. Deux mosquées en briques dont la plus grande aux sunnites, la petite aux persans. Les habitants d'Ormuz sont tous employés à la pêche et à recueillir le fer. Ils ont environ vingt bateaux de pêche et quelques barques plus grandes pour leur commerce avec Mascate et Bender-Abbas. Pendant l'été, ils se rendent à Minab, sur le littoral persan où ils trouvent facilement du travail aux différentes récoltes, telles que les fruits et les céréales. Ils rapportent en échange de leur travail du bois ordinaire et de construction et du charbon. Les habitants d'Ormuz sont sains et vigoureux grâce à la bonté du climat qui n'a son pareil dans aucune autre île de l'archipel persan (4). Les pluies abondent (5) à Ormuz pendant les mois de janvier, février et mars, et servent à remplir les réservoirs d'eau que les indigènes appellent «Bourka» et qui sont destinés à les désaltérer pendant toute l'année (6). Cette eau est fraîche, et bien que légèrement salée, elle n'est pas désagréable au goût. A

---

(1) Cela est inexact. Nous avons vu des cultures de blé et d'orge, mais, ainsi que nous l'avons indiqué, la récolte se fait en avril et M. Campo-Sampierno n'a pu les voir s'il est allé à Ormuz pendant la saison chaude. Mais alors pourquoi parle-t-il plus loin de la «bonté du climat»?

(2) Il n'en existe plus que deux aujourd'hui à notre connaissance.

(3) Cette utilisation est impossible parce qu'il n'existe au milieu de ces ruines aucune surface où l'eau puisse être recueillie.

(4) Ceci est vraiment d'un optimisme excessif.

(5) Elles sont abondantes mais ne se produisent que cinq ou six fois par an.

(6) Il serait du moins possible de conserver de l'eau pendant l'année entière si les réservoirs étaient plus nombreux et étanches.

part ces réservoirs dont la misère des habitants doit se contenter, il y en a encore
d'autres plus grands et plus profonds. J'en ai compté soixante, mais leur nombre
dépasse trois cents (1) que l'on pourrait avec peu de frais parfaitement réparer
vu l'énorme quantité de pierres et de chaux (?) que l'on peut se procurer sur
place. Tous ces réservoirs sont disséminés dans la plaine E.-N.-E. de l'île,
sur l'emplacement de l'ancienne ville.

Le mouillage d'Ormuz se trouve, en relevant le fort à l'O., environ à un
demi-mille au large, par 7 à 9 mètres fond de vase, ou plus près pour les
petits navires. Il est à l'abri de tous les vents, sauf celui de N.-E., pour lequel
les bateaux du pays changent de mouillage et viennent dans l'O. du fort.
Le meilleur mouillage serait, sans contredit, à l'E. de la ville, à côté de la
plaine et des réservoirs ci-dessus indiqués.

Note de M. le Dr Bussière sur la peste bubonique et le
choléra asiatique épidémiques dans le Golfe Persique
en 1904.

Peste bubonique épidémique.

D'après les renseignements les plus constants, elle serait endémique: 1° à
Souk-el-Shioukh (le bazar des cheiks) sur l'Euphrate dans le Montefick; 2° dans
le Nedjd (El Riad), sur la côte arabe d'El-Hasa, au voisinage de Bahrein. Il
n'y a en réalité aucun contrôle médical sérieux connu de cette existence de
foyers pesteux secondaires. Ils sont admis cependant par le fait qu'ils ont donné
lieu en 1902 dans l'Irak-Arabie et en 1904 à Lingah, à des épidémies bien
nettement attribuables au bacille pesteux.

L'épidémie de Lingah a pris naissance vers le 18 avril 1904 parmi les trieurs
d'écailles d'huîtres perlières. Ces écailles viennent des pêcheries de la côte arabe
d'El-Hasa, sont débarquées en transit à Lingah qui les arrange en sortes pour
la réexpédition sur les marchés d'Europe. Les pêcheurs de perles se transforment
en trieurs d'écailles. Ils viennent directement sur leurs boutres, baghalas et
autres embarcations du pays, des centres de Menama et îles Bahrein où ils ont
été en contact avec les gens de l'intérieur, du pays de Riad. C'est un européen
anglais, M. Th. Brown, de la maison allemande Von Kaus qui signala les
premiers cas parmi ses ouvriers, à l'officier de santé indien chargé de la quarantaine. Celui-ci ne se dérangea pas, nia la possibilité de la peste et ne céda à
l'évidence des faits que le 5 mai, alors que l'épidémie était déjà constituée.

Malgré les ordres du Gouvernement de Téhéran, il n'y eut de réelles mesures
d'isolement prises qu'en ce qui concerne les provenances par mer. La population
fut décimée : les fuyards portèrent la maladie jusque sur les plateaux du Laristan,
à Bastek et peut-être même à Lar. Il y eut à Lingah de 15 à 20 décès par jour
en mai, un peu moins en juin, puis l'épidémie décrut progressivement pendant

---

(1) C'est « a dépassé » qu'il faudrait dire.

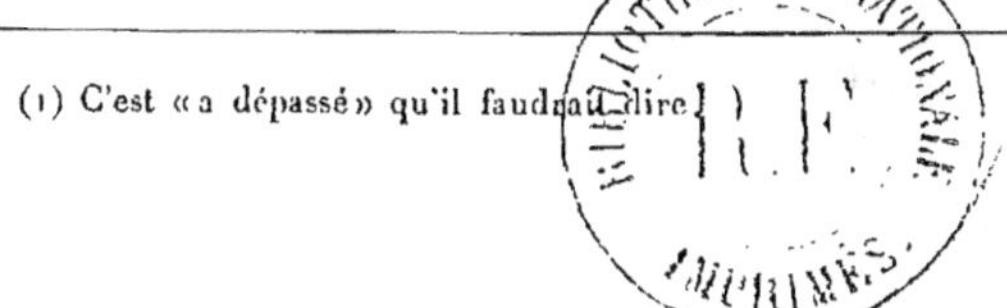

les mois torrides de juillet et d'août, pour cesser dans le courant de ce mois. Sur ma proposition, 600 doses de sérum furent demandées à l'Institut Pasteur de Paris, distribuées à Lingah et dans tous les autres ports du Golfe. Elles ne furent pas utilisées, à l'exception de quelques inoculations faites à Bouchir sur des soldats persans rappelés de Lingah au moment de l'épidémie et qui, le jour même de leur sortie de quarantaine, avaient présenté des fièvres que l'examen du sang fit reconnaître pour être d'origine malarienne.

L'étendue de la zone épidémique n'est pas nettement établie. Les environs de Lingah sont peu connus, déserts, de population clairsemée; la saison caniculaire est peu favorable à la pullulation du germe pesteux; le commerce fut brusquement réduit à d'infimes transactions : la peste a pris fin d'elle-même par le concours de ces circonstances qui lui sont défavorables. Il a été impossible de savoir, même approximativement, le chiffre des décès, un certain nombre de personnes ayant été frappées dans leur fuite vers l'intérieur. Malgré l'absence de décès suspects durant l'hiver 1904-1905, il n'est pas impossible que nous assistions à une reviviscence épidémique de la peste dans cette région.

Les conditions dans lesquelles s'est produite la contamination sont du reste inchangées : il y a toujours entre la côte arabe et la côte persane des communications fréquentes par les bâtiments à voile, la saison de la pêche des perles amenant en outre des mouvements importants de population dans les deux sens.

Choléra épidémique de la côte arabe (Bahrein) et sa propagation au littoral persan.

J'admets aussi, mais sans trop de preuves, que le choléra est endémique sur certains points de la côte arabe aux environs de Bahrein. En dehors des conditions climatiques favorables qu'il y trouve, il est constant qu'il y reparaît très fréquemment, y passe avec facilité de la forme sporadique à la forme épidémique et vice versa. Il y revêt une intensité remarquable. L'état politique du pays ne permet pas au surplus de surveiller la région au point de vue sanitaire. Les informations sont toujours très vagues quand on peut en recueillir.

Au printemps de 1904 le choléra sévissait à Bahrein; les provenances en étaient frappées de quarantaine dans tous les ports persans. Il y avait, cela va sans dire, de nombreuses infractions à ce règlement. C'est ainsi que le 15 mai 1904, une embarcation à voile venant de Bahrein aborda de nuit à Bouchir, et débarqua à Djabri et Zulmabad, faubourgs de Bouchir, un certain nombre de passagers — on a dit jusqu'à trente ! — qui éludèrent le séjour à la quarantaine d'Abassek. Deux jours après il y eut un cas de choléra parmi eux; 11 personnes auraient été atteintes; quelques-unes seraient mortes. Deux des bateliers arrêtés enfin, mais trop tard, moururent ensuite du choléra à Abassek. Les recherches personnelles que je fis alors dans ces faubourgs n'aboutirent qu'à un résultat négatif, soit ignorance des gens, soit malveillance voulue. Cependant une vieille femme de Djabri nommée Zahrah, de la maison de Zar Cassem, boulanger, ayant pris peur de ces décès cholériques, s'enfuit à Askerri, dans le khanat (1) de Rou Hillai, à environ 45 kilomètres N. de Bouchir. Elle y fut atteinte de choléra, mourut de cette maladie ainsi que plusieurs personnes de son entourage. Le mal gagna tout le village, la région voisine, passant du Rou Hillai dans tout le Dashtistan, de là à Daliki et Borazjoun où je constatai

------

(1) Région administrée par un khan

partout l'état épidémique du choléra qui, suivant la grande piste caravanière du sud de la Perse, atteignit Chiràz vers les premiers jours de juillet. Les étapes parcourues datent ainsi qu'il suit :

Bouchir — faubourgs de Djabri et Zulmabad	15 mai	1904	
Askerri (khanat du Rou Hillai)	20-25	—	—
Province du Dashtistan	5-10	juin	—
Kazeroum-Daliki-Borazjoun	20-25	—	—
Chiràz		1er juillet	—

Nous avions signalé l'épidémie dès le 6 juin. Le Gouvernement persan m'envoyait en mission dans le Dashtistan le 17 juin seulement ; aucune mesure efficace n'était prise malgré toutes nos démarches. On peut sans exagération évaluer les décès de cette bourrasque épidémique à 20.000 personnes, dont 8.000 pour la ville de Chiràz seulement.

Voici quelques détails fournis par des témoins oculaires des ravages de ce fléau.

«Entre Teng et Khonartakhté (route de Chiràz) une cinquantaine de personnes, mortes sur la route, ont été mangées (sic) par les chiens et les bêtes sauvages. Une quarantaine d'autres, mortes également sur la route, au lieu d'avoir été enterrées, ont été lancées dans des puits (!) et des creux de montagne.» (Correspondance privée de M. le Directeur des douanes Waffelaert).

«Le nombre des décès est si grand dans la ville (Chiràz), que l'on trouve des cadavres dans les rues et dans les maisons vides d'habitants. On les charge par paquets de cinq ou six sur des mules, attachés avec une grande sangle, à moitié nus, pour aller les enfouir. La terreur est si grande que l'on ne trouve que difficilement des fossoyeurs. Les parents abandonnent leurs enfants et chacun songe à sa propre sécurité....... Dans les villages le mal n'est pas moindre et je sais que dans l'un d'entre eux où j'ai une petite propriété, sur 100 habitants il ne reste que 20 personnes vivantes». (Correspondance et renseignements fournis par Ali Mirza Riza Khan, drogman du vice-consulat de France à Bouchir).

Le choléra s'irradia alors vers Abadeh, route d'Ispahan, vers Firozabad, puis Ahram (Tanguistan) à 80 kil. de Bouchir. Au plus fort de l'épidémie le fanatisme des populations se traduisit par l'organisation d'une caravane de 500 pèlerins pour Kerbela. Ce flot humain, semant des cadavres sur sa route, descendait de Chiraz vers Bouchir. Il fallut l'arrêter par la force. La presqu'île de Bouchir fut, de terre et de mer, coupée de communications avec l'intérieur par des cordons de soldats armés. Il n'était ni prudent, ni même possible de songer à laisser pénétrer les voyageurs ou les marchandises et d'employer le filtre protecteur des lazarets d'observation. Et c'est ainsi qu'étant entré par Bouchir, le fléau ne s'y signala que par des cas isolés.

L'épidémie s'étendit en surface le long de la côte N. jusqu'à Hindian et Bender-Déloum, venant donner la main au choléra parti de Bassorah. Elle régnait dans l'île de Khareg à 30 milles au N. de Bouchir en septembre et s'éteignait en novembre dans la région d'Ahram, à 80 kilomètres S.-E. de Bouchir. Les derniers cas à Chiraz étaient observés vers la mi-août.

Une seconde épidémie, partie de la côte arabe vers la fin de juin, naissait à l'île de Gaïs et au port côtier de Tcharak à l'O. de Lingah. Nous sommes très pauvres de renseignements à son sujet. Comme à Lingah, le mal ne s'est pas étendu parce que la situation géographique ne s'y prêtait pas. Toute cette région

du littoral persique n'est qu'une étroite bande de terres chaudes (Gharmsir),
ayant de rares et difficiles communications avec le haut pays. Elle est peu peuplée
et les villages, sous des cheiks indépendants, vivent sauvagement isolés, souvent
ennemis. Aussi à Tcharak le choléra n'a-t-il pas pris d'extension et en septembre
il avait tout à fait disparu de cette zone. Il avait également sévi d'abord sur des
pêcheurs venus de Bahreïn.

En août et septembre 1904, une troisième épidémie naissait à Kardjah et
Debay, sur la côte des Pirates, dans l'Oman, coïncidant assez curieusement avec
le retour des embarcations rentrant des bancs de pêche aux perles. C'est aussi
vers cette époque que le choléra décroissait à Bahreïn. Nous avons encore moins
de nouvelles des caractéristiques de ce choléra. Il s'est du reste assez rapidement
éteint sans prendre d'extension.

A Tcharak, à l'île de Gais, comme sur la côte des Pirates, vit une population
nomade de pêcheurs qui par ses voyages incessants de l'une à l'autre rive du
Golfe se prête tout particulièrement à la propagation des épidémies. Les faits
de 1903-1904 doivent donc s'être répétés assez souvent. Il faut même signaler
que les habitants des îles du détroit d'Ormuz émigrent pendant la saison chaude
vers Minab ou Debay où ils vont s'employer aux travaux agricoles dans les
palmeraies et à la récolte des dattes : c'est là un danger de dissémination très
réel des germes morbides épidémiques, choléra, peste, variole, etc.

TABLE DES MATIÈRES

CARTES ET PLANS

MELUN. IMPRIMERIE ADMINISTRATIVE. — Int. 1876-06, n° 417.